# Der elektrische Heißwasserspeicher

sein Aufbau sowie Richtlinien für die Auswahl, den Anschluß und den Betrieb

Von

Dr.-Ing. **F. Kotschi** und Dipl.-Ing. **P. v. Entremont**†

Mit 97 Abbildungen im Text

**Berlin** und **Wien**
Verlag von Julius Springer
1931

ISBN-13:978-3-642-89297-4 e-ISBN-13:978-3-642-91153-8
DOI: 10.1007/978-3-642-91153-8

# Vorwort.

Die vorliegende Arbeit ist aus der Praxis des Elektrizitätswerke-Betriebes entstanden. Als Mitarbeiter der größten österreichischen Überland-Elektrizitäts-Werke, der Österreichischen Kraftwerke AG., sammelten die beiden Verfasser im Laufe der Jahre die mannigfaltigsten Erfahrungen bei der Projektierung, Montage und im Betrieb vom Heißwassererzeugungsanlagen, die heute im Haushalte der Elektrizitätswerke, aber auch als Verdienstquelle des Installateurgewerbes und der Erzeugerfirmen eine zunehmende Bedeutung erlangen. Ursprünglich bestand nur die Absicht, für das Außenpersonal dieser Werke eine interne, kurzgefaßte Informationsschrift bzw. eine Anleitung für den Anschluß solcher Anlagen zusammenzustellen, doch erwies es sich bald nach Inangriffnahme der Arbeit als wichtig, auch Richtlinien für die Projektierung u. a. m. aufzunehmen, da sich herausstellte, daß die ländlichen Wasser- und Elektroinstallateure mit diesem neuen Verbrauchsgerät häufig noch sehr wenig vertraut waren. Infolgedessen kamen vielfach recht unliebsame Fehler vor, so daß bei den betroffenen Konsumenten eine gewisse Verärgerung zurückblieb und befürchtet werden mußte, daß den erfreulichen Anfängen die weitere Verbreitung und das wirksamste Werbemittel, nämlich das der Weiterempfehlung durch den zufriedengestellten Verbraucher, versagt bleiben würde. Wenngleich diesem Übelstand inzwischen durch entsprechende Ausbildung einer beschränkten Zahl von Wasserleitungsinstallateuren, welchen die weiteren Montagearbeiten übertragen wurden, und durch eine scharfe Übernahme der Anlagen vor der Einschaltung, die wieder im Interesse sowohl des Konsumenten als auch der ausführenden Firma gelegen ist, wirksam abgeholfen wurde, so blieben doch ähnliche schlechte Erfahrungen anderen Elektrizitätswerken und Installationsfirmen nicht erspart.

Die Verfasser sind daher der Ansicht, daß die vorliegende Arbeit den Elektrizitätswerken sowie den Wasser- und Elektroinstallateuren einige Anregungen geben wird, um so mehr, als sie bestrebt waren, die für jede der drei Lesergruppen interessanten Einzelheiten anzuführen und dabei Unwesentliches zurückzustellen.

Leider war es meinem Mitarbeiter, Herrn Dipl.-Ing. P. v. Entremont, nicht vergönnt, das Erscheinen dieses Buches zu erleben, da ihn eine schwere Diphtheritis am 1. Oktober 1930 abrief. Es sei mir an dieser Stelle gestattet, seiner ganz besonders zu gedenken.

Den Erzeugerfirmen von Heißwasserspeichern, die Informationsmaterial, Zeichnungen und Druckstöcke in entgegenkommendster Weise zur Verfügung stellten, und den Elektrizitätswerken und -Verbänden, welche umfangreiches statistisches Material mitteilten, sei der beste Dank ausgesprochen.

Ich wünsche der Schrift, daß sie bei den interessierten Kreisen wohlwollende Aufnahme finden und ein nützliches Glied mehr in der Entwicklung und Verbreitung des Heißwasserspeichers bilden möge.

Linz a. D., im Januar 1931.

Dr.-Ing. **F. Kotschi.**

# Inhaltsverzeichnis.

# Einleitung.

Der elektrische Heißwasserspeicher dient dazu, eine dem Speicherinhalt entsprechende Wassermenge meist mittels billigem Nachtstrom auf eine Temperatur von etwa 85° C zu bringen und mit Hilfe der sehr guten Wärmeisolierung des Speichers, diese Temperatur über 8 bis 10 Stunden ungefähr gleich zu halten. Mit dem Heißwasserspeicher kann der Heißwasserbedarf von Industrie, Gewerbe, Landwirtschaft und Haushalt auf ökonomischeste Weise gedeckt werden und es kann das ihm entnommene Wasser unbedenklich (siehe S. 2) und zu jeder Tageszeit auch zur Zubereitung von Speisen verwendet werden.

Er hat damit vor anderen Geräten zur Wassererwärmung den Vorteil der größten Hygiene und der steten Betriebsbereitschaft voraus.

# I. Aufbau eines Heißwasserspeichers.

Der Heißwasserspeicher besteht aus dem Wasserbehälter, der elektrischen Heizvorrichtung samt Temperaturregler bzw. Temperaturschalter, der Wärmeisolierung und dem Außenmantel.

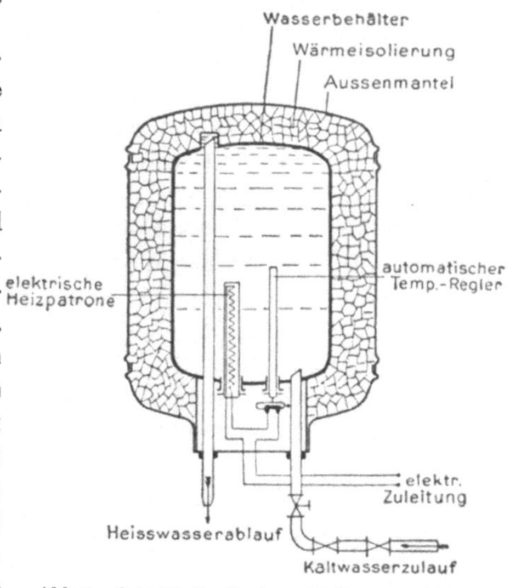


Abb. 1. Schnitt durch einen Heißwasserspeicher.

Der Wasserbehälter besteht entweder aus im Vollbade außen und innen gut verzinktem Eisenblech und ist autogen geschweißt oder aus innen verzinntem Kupfer. Welches Material gewählt wird, hängt von der Beschaffenheit des Wassers am Verwendungsorte des Speichers ab. Es sollte daher nie unterlassen werden, zu untersuchen, ob man es mit normalem, mehr oder weniger stark kalkhältigem oder mit säuerlichem Wasser zu tun hat. Für säuerliches Wasser ist jedenfalls bei druckloser Speicheranordnung der verzinnte Kupferkessel anzuraten, obwohl es sogenannte „aggressive" Wässer gibt, die jedes Metall mehr oder weniger angreifen, was meist auf das Vorhandensein freier Kohlensäure

($CO_2$) zurückzuführen ist. Es sind jetzt Versuche im Gange, diese Kohlensäure zu binden, indem man das Wasser durch Marmorfilter laufen läßt. Resultate liegen bisher noch nicht vor. Verzinnte Kupferkessel findet man in Österreich nur ganz vereinzelt, weil das Material für Druckanordnung nicht gut brauchbar ist, diese aber hier stark überwiegt. In Deutschland sind Heißwasserspeicher mit Kessel aus verzinntem Kupferblech viel verbreiteter.

Das Wasser aus den Heißwasserspeichern ist völlig genußfähig, um so mehr, als durch die länger dauernde Erhitzung auf 85° C fast sämtliche Bakterien abgetötet werden. Darüber liegen ausreichend wissenschaftliche Atteste vor, die durch die Erfahrung vieler Jahre bestätigt werden.

Welchem Wasserdruck der Speicherkessel ausgesetzt ist, hängt, wie aus dem folgenden zu ersehen sein wird, zunächst von der Anordnung in der Wasserleitungsinstallation und dann auch vom Wasserleitungsdruck ab. Die seinerzeitige scharfe Unterscheidung zwischen Hoch- und Niederdruckspeicher verschwindet mehr und mehr. Obwohl der Niederdruckspeicher besonders bei großen Typen etwas billiger ist, werden in Österreich fast ausschließlich nurmehr Hochdruckspeicher erzeugt, da sich herausstellte, daß die Verringerung des Gefahrenmomentes und der Defektmöglichkeit bei den Heißwasserspeichern viel wichtiger ist als der geringe Preisunterschied. Auch in Deutschland besteht die Tendenz zur Vereinheitlichung.

Die Hochdruckspeicher sind für einen normalen Betriebsdruck von 6—9 Atmosphären gebaut und werden mit dem $1^1/_2$fachen Druck geprüft, so daß eine ausreichende Gewähr für eine hohe Betriebssicherheit gegeben ist. Sie sind also ohne weiteres für einen Wasserleitungsdruck von 6—9 Atmosphären zu verwenden. Erst wenn der Wasserleitungsdruck die angegebenen Grenzen überschreitet, was aber nur sehr selten der Fall sein wird, muß ein Druckreduzierventil in die Zuleitung eingebaut werden, das den zu hohen Wasserleitungsdruck auf das zulässige Maß vermindert.

Der Wasserbehälter besitzt schließlich (ausgenommen bei Entleerungsspeichern) an seiner höchsten Stelle eine kleine Ausbuchtung, in welche das oben abgeschrägte Überlaufrohr des Heißwasserablaufes mündet.

Die elektrische Heizpatrone wird von unten bzw. von der Seite in den Wasserbehälter eingesetzt und ist nach Lösung einiger Schrauben aus dem Speicher ausmontierbar. Sie sitzt in einem Schutzrohr, steht also mit dem Wasserinhalt des Speichers in keiner direkten Verbindung.

Die Länge der Heizdauer ist abhängig von der Bemessung dieser Patrone und sie ist für eine um so größere Stromaufnahme ausgeführt, je kürzer die Heizdauer gewählt wird.

Man wird begreiflicherweise die Aufheizung des Speichers in eine Tageszeit verlegen, in der man kein heißes Wasser von ihm braucht, also in die Nachtzeit. Ausschlaggebend hierfür ist aber meist auch der Umstand, daß sehr viele Elektrizitätswerke für derartige Heizstromverbraucher in den Nachstunden, einen ganz besonders billigen Strompreis einräumen, weil der Elektrizitätsverbrauch in der Nacht bedeutend geringer als bei Tag und die Elektrizitätswerke auch den Nachtstrom verkaufen wollen. Die sechs- bzw. achtstündige Aufheizdauer ist für Heißwasserspeicher zur Regel geworden. Abweichungen kommen selbstverständlich auch vor.

Damit der Heißwasserspeicher vollkommen automatisch arbeitet und durch Überhitzung oder Dampfbildung keine Beschädigung eintreten kann, ist der automatische Temperaturschalter angebracht, welcher dazu dient, den Heizstrom dann einzuschalten, wenn die Temperatur des Wasserinhaltes unter 80° C sinkt und ihn abzuschalten, wenn die Temperatur von 85° C erreicht wird. Er besteht aus einem Bi-Metall oder sonstigen Ausdehnungsstreifen, der einen kleinen Quecksilberkippschalter ein- bzw. ausschaltet.

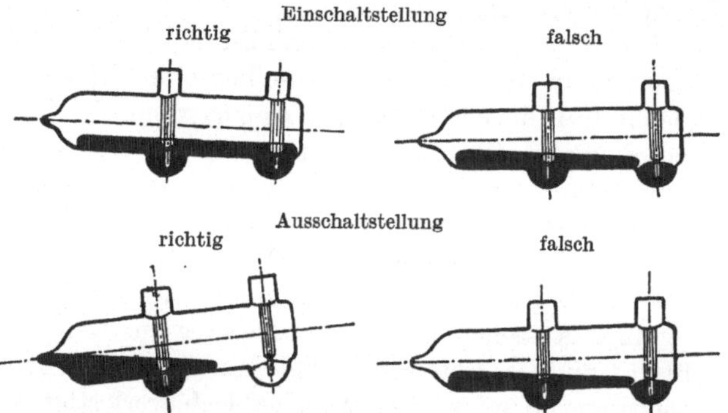

Abb. 2. Richtige und falsche Einstellung von Quecksilberkippschaltern.

Die Abb. 2 zeigt die falsche und richtige Ein- und Ausschaltung des Quecksilberkippschalters, worauf bei der Justierung des Apparates durch den Elektroinstallateur bei der Montage zu achten ist.

Die Justierung wird in einfachster Weise durch richtiges Einstellen der hierzu vorgesehenen randierten oder mit Schraubenzieherschlitz versehenen Stellschraube vorgenommen. Höher als 85° C soll jedoch nicht eingestellt werden, da die Temperaturregelung mit Quecksilberkippern nicht so genau möglich ist, das Speicherwasser den Siedepunkt aber nicht erreichen soll.

Die Heißwasserspeicher mit Zweileiteranschluß (bis etwa 2 kW Leistungsaufnahme) sind normal mit einem einpoligen Temperaturschalter ausgerüstet, können auf Wunsch aber auch einen zweipoligen erhalten. Größere Apparate, die dreiphasig angeschlossen werden, haben natürlich einen zweipoligen (oder auf Wunsch dreipoligen) Temperaturschalter. Als Schaltelemente finden hierbei die beschriebenen Quecksilberkipper Anwendung, insoweit die zu schaltende Stromstärke 10 Ampere nicht übersteigt. Stärkere Ströme sind mit den Quecksilberkippern nicht mehr so zuverlässig zu schalten, weshalb größere Heißwasserspeicher (über 300 Liter) mit einem Temperaturregler (Abb. 3) ausgestattet sind, der einen separaten Schaltautomaten oder den Zeitsperrschalter auf elektrischem Wege mittels einer Steuerleitung betätigt. Temperaturschalter und Temperaturregler können mittels der Stellschräubchen auf jede beliebige Temperatur zwischen 60° und 90° eingestellt werden.

Abb. 3. Temperaturregler.

Die Wärmeisolierung umhüllt den Wasserbehälter und läßt nur an der Unterseite desselben eine kleine kreisförmige Fläche frei, durch welche die Heizpatrone, der Temperaturregler, die Kaltwasserzuleitung und der Heißwasserablauf durchgeführt werden. Sie besteht aus einer Korkmasse oder einem Spezialisolierstoff oder aus Glaswolle.

Der Außenmantel umhüllt die Wärmeisolierung und bietet der ganzen Konstruktion den festen Halt und das gefällige Aussehen. Er kann entweder aus weißemailliertem Blech mit Zierleisten oder bei Luxusausführungen aus getriebenem Kupfer oder Messingblech verfertigt sein.

Wirkungsweise: Wird der mit kaltem Wasser gefüllte Heißwasserspeicher nun eingeschaltet, so steigt die Temperatur des Wassers im Speicher im Verlaufe der Heizperiode, für die er ausgelegt ist, auf etwa 85° C, worauf der auf diese Temperatur eingestellte Temperaturregler mit Hilfe des Quecksilberschalters oder des Schaltautomaten von selbst abschaltet. Wird dem Speicher kein Wasser entnommen, so hält sich die Temperatur seines Inhaltes durch viele Stunden praktisch konstant, wie der Abb. 4 zu entnehmen ist, die für einen 400 l-Speicher bei einer äußeren Raumtemperatur von 18° C gemessen wurde, und zwar stellt Kurve A die Temperaturabnahme während 12 Stunden vor, während dem Speicher kein Wasser entnommen wurde. Hierbei sank die Temperatur nur von 90° C auf 87° C, also nur um 3° C. (Die Temperaturen wurden bei diesem Versuch mittels Thermometer im oberen Teil des Speichers gemessen.)

Werden jedoch dem Speicher stündlich 33 l Wasser entnommen, so ist der Temperaturabfall der Burve B zu entnehmen, wobei der Wasserverbrauch sich auf 12 Stunden verteilte. Nach Entnahme von 335 l beträgt die Temperatur des Speicherinhaltes noch immer 80 ° C und erst am Ende der Entleerung sinkt sie auf etwa 55° C. (Bei diesem Versuch wurde die Wassertemperatur beim Speicherauslauf gemessen.)

Versuche an anderen Speichergrößen ergaben ähnliche, jedoch in ihren absoluten Werten abweichende Kurven.

Dieses günstige Verhalten verdankt das Gerät der vorzüglichen Wärmeisolation des Speicherkessels. Die Abkühlungsverhältnisse sind bei größeren Speichern günstiger, bei kleineren etwas ungünstiger, was darauf zurückzuführen ist, daß die wärmestrahlende Oberfläche eines Speichers von beispielsweise doppeltem Inhalte nicht doppelt so groß, sondern beträchtlich kleiner ist.

Bei Heißwasserentnahme strömt (so fern man es nicht mit einem Entleerungsspeicher zu tun hat) die gleiche Menge kalten Wassers nach,

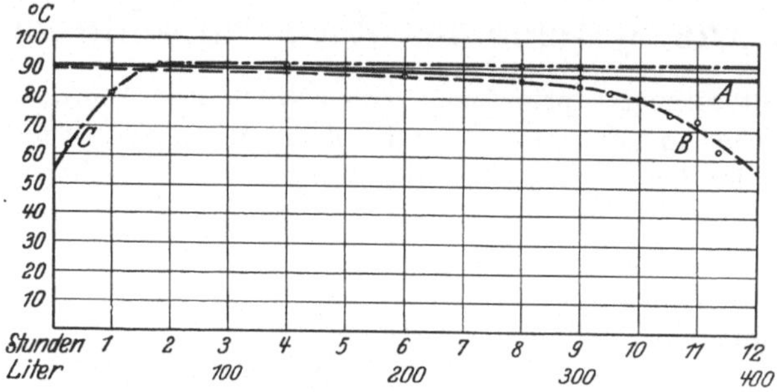


Abb. 4. Abkühlung des Speicherinhaltes.

das infolge seines höheren spezifischen Gewichtes am Boden des Speicherkessels bleibt. Um aber auf jeden Fall schon beim Einströmen des kalten Wassers möglichst jede Vermischung mit dem warmen zu vermeiden, wendet man verschiedene Anordnungen an. So z. B. Stausiebe, die allerdings eine gewisse Verstopfungsgefahr bilden; oder besser noch die allmähliche, bedeutende Vergrößerung des Eintrittsquerschnittes unter gleichzeitiger Änderung der Strömungsrichtung, wodurch unter möglichster Vermeidung von Wirbelbildungen eine Verminderung der Eintrittsgeschwindigkeit des kalten Wassers und eine Ablenkung gegen den Boden des Kessels erzielt wird. Man kann also mit Recht sagen, daß die Heißwassertemperatur während der ganzen Entnahmeperiode infolge der vorzüglichen Wärmeisolation des Kessels praktisch ziemlich gleich bleibt.

Sinkt infolge längerer Abkühlung oder durch starke Heißwasserentnahme die Temperatur des Speicherinhaltes unter die am Thermostat eingestellte untere Grenztemperatur von 80° C, so schaltet er automatisch die Heizung wieder ein, um sie bei Erreichung der eingestellten Höchsttemperatur wieder abzuschalten. Dieses Spiel wiederholt sich ständig ganz automatisch, so daß der Heißwasserspeicher nicht die geringste Bedienung braucht und immer heißes Wasser von ziemlich gleichbleibender Temperatur zur Verfügung hält. Wer jedoch höchste Gleichmäßigkeit der Entnahmetemperatur des Wassers fordert, der findet in der Type der „Entleerungsspeicher" ein Heißwassergerät, das auch die geringen Abkühlungsverluste durch das Nachströmen von kaltem Wasser vermeidet. Wir kommen auf dieses System im folgenden noch zurück, doch sei bereits jetzt erwähnt, daß die Installation des Entleerungsspeichers aus Gründen der Beaufsichtigung und Betriebssicherheit in Österreich eine Seltenheit ist, während sie in Deutschland eine ungleich größere Verbreitung gefunden hat.

# II. Die Systeme des Wasseranschlusses.

Man unterscheidet prinzipiell: Hinsichtlich der Anordnung Heißwasserspeicher in „druckloser" und solche in „unter Druck"-Anordnung. Hinsichtlich der Füllung: Handfüllspeicher, Speicher mit Handpumpenfüllung, Speicher für Anschluß an Wasserleitungen und Elektropumpen. Hinsichtlich der Konstruktion: Wandapparate (es sind dies die kleineren Typen), Standapparate und liegende Anordnung bei sehr großen Einheiten.

## A. Die drucklose Anordnung

beim Wasseranschluß eines Heißwasserspeichers bezweckt, das Vorhandensein oder die Entstehung jeglichen Überdruckes im Innern des Speicherkessels gegenüber dem äußeren Luftdruck unmöglich zu machen. Es erfolgt dies prinzipiell dadurch, daß das Innere des Speicherkessels ständig durch eine Öffnung, die in keiner Weise versperrbar sein darf, mit dem Ablauf in Verbindung bleibt. Die drucklose Anordnung hat den Vorteil besonderer Einfachheit und ermöglicht noch die eventuelle Verwendung von Speichern, die für einen Druck, der kleiner als der normale Druck (5—9 at) ist, gebaut sind; vom Einbau solcher Geräte soll jedoch möglichst abgesehen werden, weil derartige Niederdruckspeicher bei einem späteren Übergang auf Druckanordnung dem normalen Druck nicht standhalten und daher nicht brauchbar sind. Vor allem aber kann in druckloser Installation nur ein Heißwasserauslauf versorgt werden, was zweifellos eine unliebsame Beschränkung darstellt; es sei denn, man verwendet einen Mehrweg-Hahn, mit dem man dann abwechselnd (höchstens) drei Heißwasserausläufe speisen kann. In der drucklosen Anordnung unterscheiden wir Überlaufspeicher und Entleerungsspeicher mit ihren für beide Arten gleichen Füllungsmöglichkeiten.

## 1. Der Überlaufspeicher.

Die ständige Verbindung zwischen dem Speicherinnern und der Außenluft erfolgt durch ein Überlaufrohr, dessen eines Ende den höchsten Punkt des Kesselinnern noch ein wenig überragt und abgeschrägt in einer kleinen Ausbuchtung des Kesseldeckels nach oben mündet (siehe Abb. 1). Es wird durch die geringe in dieser Ausbuchtung vorhandene Wassermenge mit kleiner Oberfläche die unangenehme und wenig ökonomische Erscheinung des „Nachlaufens“ von Wasser (nach beendeter Entnahme) auf ein Minimum eingeschränkt.

Bemerkenswert ist auch eine Vorkehrung, welche die holländische Firma Inventum bei ihren Speichern (Abb.5) nach dem Überlaufsystem zum Schutze gegen das Nachtropfen getroffen hat: Das Einlaufrohr ist mit einem kräftig wirkenden Injektor, der in Verbindung mit einem Speicherstandrohr steht, ausgestattet. Die Füllung erfolgt in üblicher Weise. Sie gilt als beendet, wenn das Überlaufwasser austritt, worauf der Einlaßhahn geschlossen und die Wirkung des Injektors, der während der Füllung des Speichers das Standrohr leersaugte, beendet ist. Die Folge ist Rückströmung eines Teiles des Speicherinhaltes in das Standrohr und Absenken des Wasserspiegels. Bei der daraufhin einsetzenden Erhitzung des Wassers kann somit kein Nachtropfen am Auslaufrohr austreten.

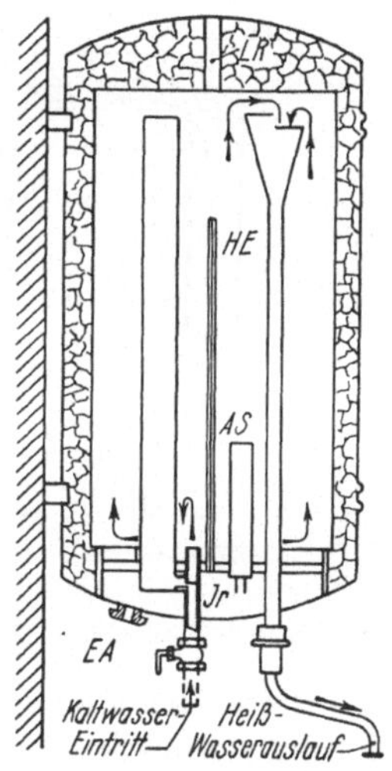


Abb. 5. Heißwasserspeicher mit Standrohr und Injektor. Verhütung des „Nachlaufens“ von Wasser durch Ausnützung der Injektorwirkung. (Ausführung Inventum.)
*AS* Automatischer Schalter.
*EA* Elektrischer Anschluß.
*HE* Heizelement.
*JR* Injektor. *LR* Luftrohr.

Wird also jetzt der Speicherkessel mit Wasser gefüllt, so rinnt das zuviel eingefüllte Wasser einfach durch das Überlaufrohr ab. Ebenso gleichen sich während der Heizungszeit eventuell auftretende Wasser- oder Dampfspannungen durch dieses Überlaufrohr aus. Es ist nun naheliegend, daß man auch das heiße Wasser aus diesem Rohr austreten läßt, dessen eine Öffnung sich ja immer in den höchsten und daher auch wärmsten Wasserschichten befindet.

Um also dem Speicher heißes Wasser in einer gewissen Menge zu entnehmen, drückt man unten dieselbe Menge kalten Wassers nach, das, da der Speicher ja voll ist, oben ebensoviel heißes Wasser beim Überlaufrohr hinausdrängt. Das kalte Wasser bleibt zufolge seines höheren spezifischen Gewichtes und der auf Seite 5 erwähnten Ausbildung des Kaltwasserzulaufes am Boden des Speicherkessels, ohne sich mit den oberen heißen Schichten zu vermischen.

Man sieht, daß der Speicherkessel also immer vollständig mit Wasser gefüllt ist. Es kann hier nicht vorkommen, daß der Heißwasserspeicher abends, wenn der Zeitsperrschalter automatisch den Nachtstrom einschaltet, leer ist und infolgedessen durch Überhitzung Schaden leidet. Das ist ein großer Vorteil gegenüber den weiter unten noch zu besprechenden Entleerungsspeichern. Die Betriebssicherheit ist also sehr groß, die Installation ganz einfach. Es ist, abgesehen von den Speichern mit Handfüllung, nur ein Rückschlag- und ein Absperrventil in der Kaltwasserzuleitung erforderlich. Das Rückschlagventil verhindert, daß heißes Wasser aus dem Speicher in die Kaltwasserzuleitung zurücktritt und ist daher unumgänglich notwendig. Das Rücklaufen des Heißwassers in die Kaltwasserzuleitung ist ohne Rückschlagventil bei offenem Absperrventil möglich, wenn das Hauptabsperrventil geschlossen würde. In diesem Falle käme aus jedem unter dem Niveau des Speichers gelegenen Kaltwasserauslauf Heißwasser und könnte zu unangenehmen Verbrühungen führen. (Siehe Rückschlagventil Seite 41). Das Absperrventil in der Kaltwasserzuleitung regelt die ausströmende Wassermenge und damit das aus dem Speicher austretende Heißwasserquantum. **Es ist unbedingt verboten und gefährlich, im Heißwasserauslauf ein Absperrventil einzubauen.** Durch ein solches und durch das Rückschlagventil im Kaltwasserzulauf wäre der Speicher völlig abgeschlossen und würde zum Dampfkessel ohne jedes Sicherheitsventil!

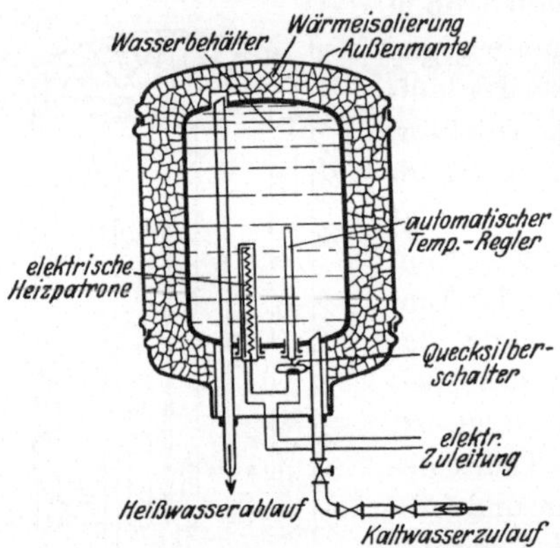


Abb. 6. Schnitt durch einen Überlaufspeicher.

Es sollen nun die verschiedenen Füllungsmöglichkeiten bei druckloser Anordnung besprochen werden:

### a) Heißwasserspeicher für Handfüllung.

Diese sind nur bis höchstens 15 Liter Speicherinhalt zu empfehlen und können überall dort verwendet werden, wo ein Wasserleitungsanschluß bzw. ein nahegelegener Brunnen nicht zur Verfügung steht.

Wie die Abb. 7 zeigt, befindet sich seitwärts vom Speicher ein Standrohr mit Einfülltrichter; die Bedienung geht in der Weise vor sich, daß der Speicher durch diesen Trichter voll angefüllt wird und der Inhalt durch die Heizpatrone auf 85° C aufgeheizt wird. Füllt man dann durch den Fülltrichter weiter kaltes Wasser ein, so wird die gleiche

Menge heißes Wasser durch das Auflaufrohr des Speichers herausgedrückt.

Solche kleine Handfüllspeicher kann man infolge des geringen Anschlußwertes (etwa 180 Watt) auch tagsüber einschalten, ja wenn man Verwendung für das heiße Wasser hat, ständig eingeschaltet lassen, ohne befürchten zu müssen, daß die Stromrechnung allzu hoch wird. Auf diese Weise nützt man den Speicher und damit das investierte Kapital am besten aus und hat die dreifache Heißwassermenge gegenüber Speichern, die nur während der Nachtzeit beheizt werden. Irgendwelche Ventile entfallen vollständig, doch muß ein Entleerungshahn vorgesehen werden.

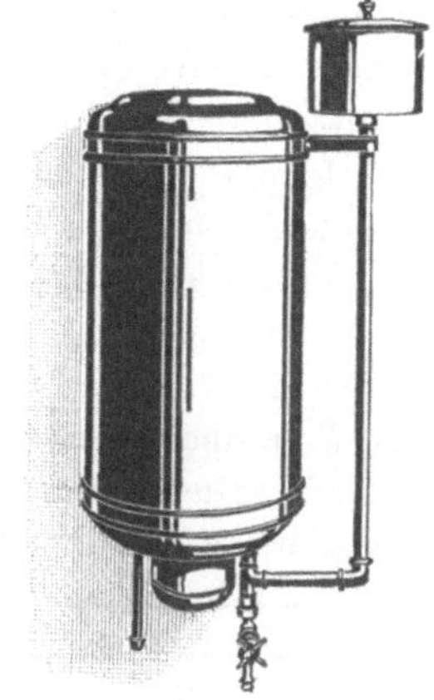

Abb. 7. Handfüllspeicher in Ansicht.

Die Verwendung solcher Handfüllspeicher nimmt immer mehr ab, da man mit Rücksicht auf die Unbequemlichkeit der Wassernachfüllung trachtet, den Anschluß des Heißwasserspeichers an eine Wasserleitung oder Pumpe zu bewerkstelligen.

### b) Speicher mit Pumpenfüllung.

Sie können dort verwendet werden, wo ein Brunnen in der Nähe ist, aus dem mit einer kleinen Handkolben- bzw. Handflügelpumpe Brunnenwasser in den Speicher gedrückt werden kann.

Genau so, wie der Größe des Speichers mit Handfüllung eine obere Grenze durch die Manipulationen, die zur Entnahme des heißen Wassers nötig sind, gesetzt ist, pflegt man Speicher mit einer solchen Handpumpenfüllung im Hinblick auf die damit verbundenen Anstrengungen und die geringere Bequemlichkeit nur bis zu mittleren Größen zu verwenden.

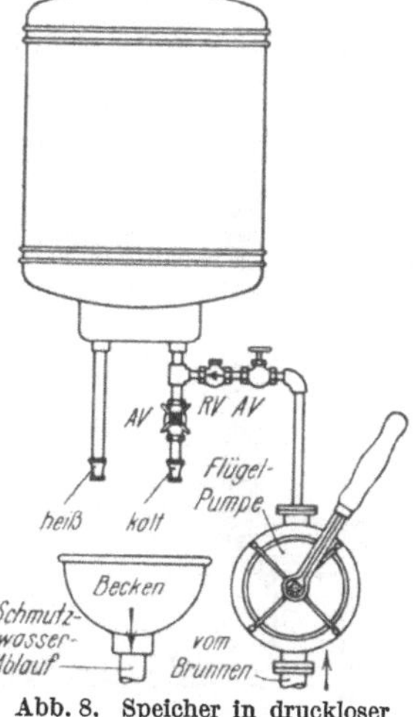


Abb. 8. Speicher in druckloser Anordnung für Füllung durch Handflügelpumpe.
*AV* Absperrventil.
*RV* Rückschlagventil.

Sonst besteht bei Vorhandensein der nötigen Wassermenge allerdings kein Hindernis, auch größere Heißwasserspeicher mittels Handpumpe zu füllen. Das Bestechende bei dieser Anordnung ist gegenüber einer motorisch angetriebenen Pumpe der viel geringere Preis einer Handflügelpumpe und die einfache Wasserleitungsinstallation. In der Kaltwasserzuleitung ist nur ein Rückschlagventil zwischen Speicher und Pumpe unbedingt erforderlich. Es verhindert das Ablaufen des Wassers aus dem Speicher durch die Zuleitung und die Pumpe in den Brunnen, ist also sehr wichtig. Als vorteilhaft hat es sich aus demselben Grunde erwiesen, außerdem noch ein Absperrventil zwischen Pumpe und Rückschlagventil einzuschalten; mit diesem läßt sich auch eine feinere Regulierung des Heißwasserauslaufes erzielen, als mit der Pumpenbewegung allein. Bei diesem Speicher kann auch bereits eine Mischbatterie Verwendung finden (siehe S. 32ff.). Hat die Pumpe eine lange Saugleitung, so ist es zweckmäßig, in diese außer dem Fußventil noch ein Zwischenventil einzubauen. Die Pumpe darf keinesfalls höher als 7 m über dem niedrigsten Wasserstande des Brunnens montiert werden. Die gesamte Förderhöhe (senkrecht gemessen) beträgt maximal etwa 20 m. Derzeit gelten für die in Betracht kommenden Typen von Handflügelpumpen ungefähr folgende Preise:

| Type | Fördermenge l/min. | Doppelhübe pro Min. | Rohranschluß Zoll | Gewicht kg | Preise in RM. | | | Preise in Schilling |
|---|---|---|---|---|---|---|---|---|
| | | | | | Guß und Messing | Messing | Rotguß | |
| 0 | 20 | 104 | 1/2 | 5 | 18.— | 25.— | 32.— | 30.— |
| 1 | 30 | 100 | 3/4 | 6,5 | 20.— | 28.— | 36.— | 34.— |

### c) Anschluß des Heißwasserspeichers an eine Wasserleitung oder motorisch betriebene Pumpe.

In diesem Falle erfolgt die erstmalige Füllung und die jeweilige weitere Entnahme von heißem Wasser durch einfaches Öffnen des Kaltwasserabsperrventiles. Dieses sowie das Rückschlagventil sind die einzigen bei dieser Installation notwendigen Absperrorgane. Abb. 9 zeigt die denkbar einfache Anordnung, für die generell das unter 1 vom Überlaufspeicher Gesagte gilt. Der Heißwasserspeicher kann natürlich auch mit einer Mischbatterie für drucklose Anordnung ausgerüstet werden. (Siehe S. 33.) Soll diese an einem Speicher für ein Badezimmer, wie ihn Abb. 10 zeigt, Verwendung finden, so wird sie meist noch mit einer Brause ausgerüstet. Da der drucklosen Anordnung entsprechend der Heißwasserauslauf immer offen sein muß, so ist der Auslauf für die Wanne und die Brause durch ein Rohr verbunden und es genügt, wenn Wannenauslauf, durch den das bereits gemischte Wasser infolge seiner tieferen Lage sonst normal ausfließt, zu schließen, um das Wasser hin-

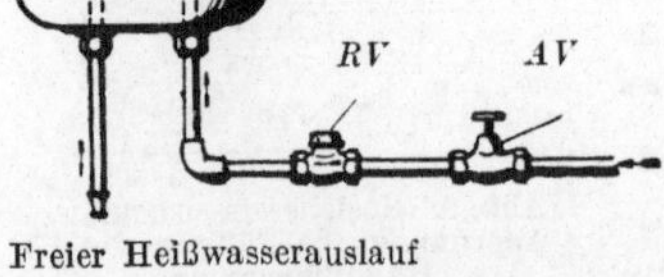


Abb. 9. Wasserleitungsanschluß des Überlaufspeichers. (Drucklose Anordnung.)
*AV* Absperrventil. *RV* Rückschlagventil.

aufsteigen und durch die Brause austreten zu lassen. Bei stehenden Heißwasserspeichern, wie sie für 120 Liter und ab 200 Liter Inhalt ausgeführt werden, ist es zweckmäßig, am Entleerungsstutzen des Speichers einen Entleerungshahn und eine Ablaufleitung anzubringen.

Abb. 10. Badespeicher in druckloser Anordnung mit Mischbatterie und Brause.

## 2. Der Entleerungsspeicher.

Er kommt überhaupt nur für die drucklose Anordnung in Frage. Auch bei ihm ist also ein Überlaufrohr eingebaut, durch das der Inhalt des Speicherkessels ständig mit der Außenluft in Verbindung bleibt und das bei der Füllung des Speichers den Überschuß an Kaltwasser und in der Heizzeit das durch die Wärmeausdehnung verdrängte Wasserquantum oder eventuell entstehende Dampfspannungen abführt (Abb. 11). Da durch das Abrinnen von Ausdehnungswasser, das ja schon ziemlich erwärmt ist, ein unnötiger Wärmeverlust entsteht, läßt man nach der vollständigen Füllung des Speichers mit dem Ablaufventil wieder etwas Wasser (etwa 2% des Speicherinhaltes) ab. Der grundlegende Unterschied gegenüber dem Überlaufspeicher besteht nun darin, daß das Heißwasser nicht aus diesem Überlaufrohr durch das Nachströmenlassen von kaltem Wasser in den Speicher entnommen wird, sondern hierzu ein besonderes Ablaufrohr dient, das mit einem Absperrventil versehen ist und gestattet, den Speicherkessel vollständig zu entleeren. Sehr oft dient auch (die entsprechende Anordnung der Absperrventile vorausgesetzt) das Kaltwasserzulaufrohr gleichzeitig als Heißwasserablauf, z. B. in Abb. 11.

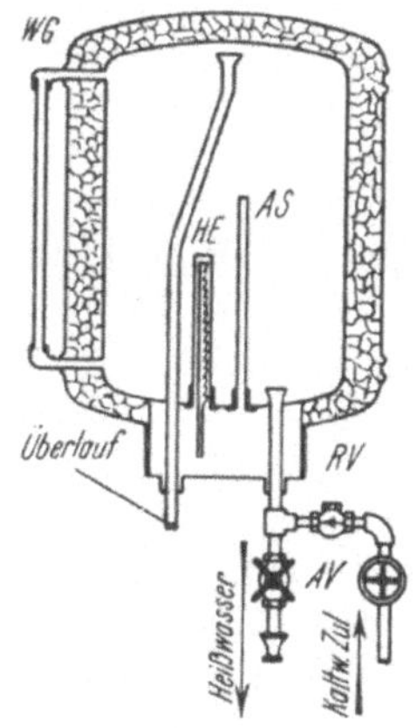


Abb. 11. Entleerungsspeicher im Schnitt.
*AS* Automatischer Schalter.
*AV* Absperrventil.
*HE* Heizelement.
*RV* Rückschlagventil.
*WG* Wasserstandsglas.

Der Speicher wird also jeden Abend vor Beginn der Heizperiode mit Wasser nahezu vollständig angefüllt und tagsüber je nach Bedarf mehr oder weniger entleert. Da dies ohne Nachfließen von kaltem Wasser erfolgt, somit jede Möglichkeit einer Vermischung von kaltem und heißem Wasser vermieden ist, hat das Heißwasser aus dem Entleerungsspeicher während der ganzen Entnahmezeit vollständig gleichbleibende Temperatur. Wer also die Forderung nach vollkommen gleichmäßiger Temperatur aufstellen muß und das eventuelle Auftreten von kühlerem Mischwasser am Ende der Entnahmezeit bei den Überlauf- und Druckspeichern nicht akzeptieren kann, wird einen Entleerungsspeicher wählen. Im Gegensatz zum Überlaufspeicher werden hier durch das Absperren des Heißwasserauslaufes ebenso wie bei der später zu besprechenden Druckanordnung die Tropf- und Nachwasserverluste vollständig vermieden, die bei den häufigen Heißwasserentnahmen für die Wirtschaft schon eine gewisse Rolle spielen. Da der Ausfluß des heißen Wassers durch die Schwerkraft allein erfolgt, werden nur Wandspeicher (also bis höchstens 150 Liter) als Entleerungsspeicher gebaut. Eine Versorgung mehrerer Zapfstellen ist wohl möglich, doch muß der Speicher noch oberhalb der höchstgelegenen Zapfstelle angeordnet sein. Zur Kontrolle des jeweiligen Wasserinhaltes des Speichers wird meist ein seitlich angeordnetes Wasserstandsglas oder ein Zeigerinstrument angebracht. Das hat den großen Vorteil für die Hausfrau, sich den Heißwasserverbrauch rationell und sparsam einteilen zu können. Die eventuelle Zusatzheizung zu Mittag ermöglicht die Erwärmung einer gewissen zusätzlichen Wassermenge auf die volle Temperatur, was bei den anderen Speichersystemen, die immer mit Wasser gefüllt sind, infolge auftretender Strömungen nicht so gut zu erreichen ist. Der Entleerungsspeicher hat nur den sehr unangenehmen Nachteil, daß er jeden Abend gefüllt werden muß. Vergißt man darauf — und das kann insbesondere im Anfange sehr leicht geschehen —, so schaltet der Zeitsperrschalter die Heizung ein und der Speicher geht trocken, was ihm trotz Temperatursicherung schweren Schaden zufügen kann.

Diesem Übelstande ist am einfachsten dadurch abzuhelfen, daß man die Einschaltung des Speichers nicht mehr automatisch durch den Zeitsperrschalter erfolgen läßt, sondern sie von Hand aus besorgt. Hierzu genügt es zwischen Zeitsperrschalter und Heißwasserspeicher einen einfachen Drehschschalter zu montieren, dessen Ein- und Ausschaltstellung genau erkennbar sein soll. Er steht tagsüber auf „Aus“ und man schaltet ihn nach Füllung des Speichers ein. Die Unterbrechung der Strom- und damit Wärmezufuhr besorgt der Temperatur- und der Zeitsperrschalter ganz automatisch. Bei der ersten Heißwasserentnahme wird dann auch der Drehschalter wieder auf „Aus“ gestellt.

Die Gefahr des Trockengehens beugen die Firmen Siemens-Schuckert und Allgemeine Elektrizitätsgesellschaft durch eine metallische Wärmekupplung zwischen Heizpatrone und Temperaturregler vor, die beim entleerten Speicher die Wärmeübertragung zum Temperaturregler übernimmt, so daß auch dann die Abschaltung zuverlässig erfolgt. Bei den Fabrikaten der Firmen Sachsenwerk und Inventum ist der Speicher mit einem Sicherheitsstandrohr ausgerüstet, das betriebsmäßig nicht entleert wird. Das vollständige Trockengehen des Speichers ist somit ausgeschlossen. Die Abschaltung erfolgt in ganz kurzer Zeit, weil bei entleertem Speicher die verhältnismässig kleine Wassermenge des Sicherheitsstandrohres noch rascher die Abschalttemperatur erreicht wie bei gefülltem Speicher.

Die Firma Prometheus G. m. b. H. liefert die Ablaufspeicher in Verbindung mit einem Schwimmergefäß und einer elektrischen Sperruhr. In der für die Aufladung bestimmten Nachtzeit läßt die Sperruhr den Heizstrom fließen unter gleichzeitiger elektrischer Entklinkung des Schwimmerkastenventils, wodurch der Wasserzutritt zum Speicher freigegeben wird. Die Beheizung des Speichers im entleerten Zustand kann somit nicht eintreten. Sowie die Sperruhr den Stromkreis unterbricht, wird das Zulaufventil wieder elektromechanisch verklinkt, so daß während der Wasserentnahmezeit kein kaltes Wasser zufließen kann.

Wie schon erwähnt, gehören Entleerungsspeicher in Österreich zur Seltenheit, während sie in Deutschland bis zu den Größen von 100 bis 120 Liter sehr große Verbreitung gefunden haben.

Wie aus dem Gesagten hervorgeht, benötigt man beim Entleerungsspeicher ein Rückschlag- und ein Absperrventil in der Kaltwasserzuleitung, außerdem aber noch ein Absperrventil im Heißwasser-Ablaufrohr.

Die Möglichkeiten zur Füllung sind beim Entleerungsspeicher natürlich die gleichen wie beim Überlaufsspeicher. Im folgenden seien sie kurz besprochen:

### a) Entleerungsspeicher mit Handfüllung.

Es ist natürlich möglich, solche herzustellen, doch ist uns nicht bekannt, daß derartige Heißwasserspeicher irgendwelche Verbreitung gefunden hätten.

### b) Entleerungsspeicher mit Handpumpenfüllung.

Gegenüber dem Überlaufspeicher besteht bei dieser Anordnung der besondere Vorteil, daß man in der Platzfrage für die Handflügelpumpe völlig frei ist; sie kann auch ganz getrennt vom Speicher in einem anderen Raum und überhaupt an der günstigsten Stelle angebracht werden. Die Heißwassermenge, die man entnehmen will, reguliert man ja mit dem Heißwasser-Absperrventil (Abb. 12). Eine Mischbatterie für den Auslauf kommt nur für den Fall, daß sich die Handpumpe ganz in der Nähe des Speichers befindet, in Frage und auch da nur höchst selten (Mischbatterie siehe S. 32ff.). Im übrigen gilt auch hier alles beim Überlaufspeicher hinsichtlich der Handpumpenfüllung Gesagte. Die Anordnung ist besonders für landwirtschaftliche Haushalte, die keine Wasserleitung haben, von Bedeutung. Hier wird auch das allabendliche Vollpumpen von Hand aus, das sich als körperliche Arbeit dem Gedächtnisse besser einprägt, seltener vergessen werden als im dritten Falle, nämlich beim:

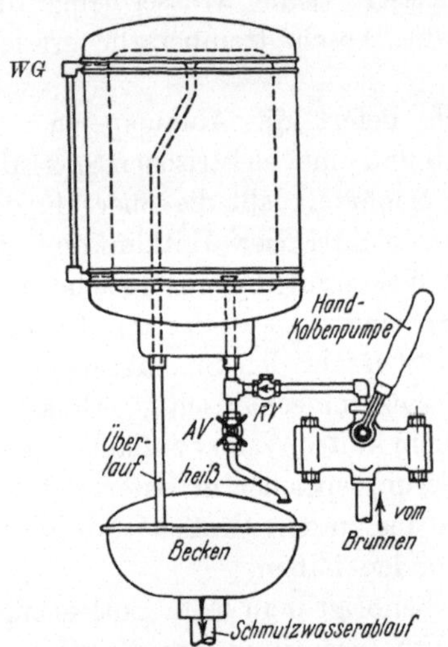


Abb. 12. Entleerungsspeicher mit Füllung durch Handkolbenpumpe. *AV* Absperrventil. *RV* Rückschlagventil. *WG* Wasserstandsglas.

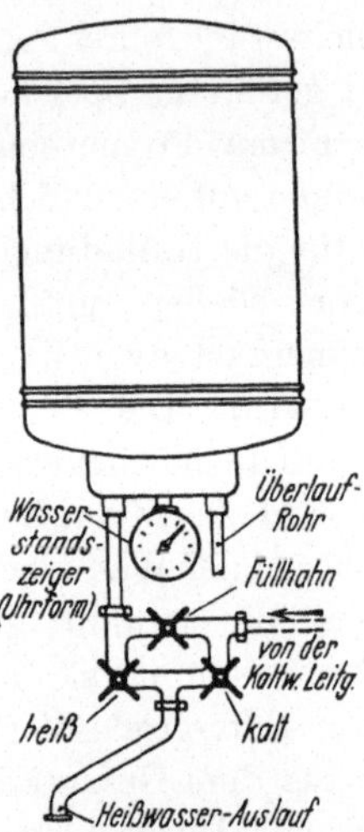


Abb. 13. Entleerungsspeicher mit Füllung von der Wasserleitung.

c) Entleerungsspeicher im Anschluß an Wasserleitungen oder motorisch betriebene Pumpen.

Hier ist zur allabendlichen Füllung nur ganz einfach das Kaltwasserabsperrventil aufzudrehen. Wann der Speicher voll ist, sieht man am Wasserstandszeiger oder am Rinnen des Überlaufrohres (Abb. 13). Bei dieser Anordnung ist es auch bereits üblich, eine Mischbatterie zu verwenden. Die Bedienung der Ventile derselben ist nicht ganz so einfach wie bei den Mischbatterien für Überlauf- und Druckspeicher. (Siehe S. 32ff.) Mit solchen Speichern sind in Deutschland vielfach die neuen Siedlungswohnungen mit vollelektrischer Einrichtung ausgerüstet und bevorzugen auch manche Elektrizitätswerke in ihrer Werbung dieses System.

## 3. Der Bergmann-Heißwasser-Niederdruckspeicher.

Dieser von den Bergmann-Elektrizitätswerken in Berlin vor nicht langer Zeit herausgebrachte Heißwasserspeicher ist, wie schon der Name sagt, nur in druckloser Anordnung verwendbar und stellt insofern eine Neuerung auf diesem Gebiete dar, als er den Überlauf- und den Entleerungsspeicher in sich vereinigt. Dies, sowie die Möglichkeit, dem Auslauf sowohl kaltes, heißes als auch Mischwasser zu entnehmen, wird bei dieser Konstruktion durch die sinnreiche Kombination eines Dreiweghahnes mit einer Verbindungsleitung zwischen Speicherzufluß- und Abflußrohr erreicht. Die Anordnung ist aus Abb. 14 zu entnehmen, während die Wirkungsweise des Regulierhahnes bei den Armaturen (Abb. 34, S. 35) erläutert werden wird.

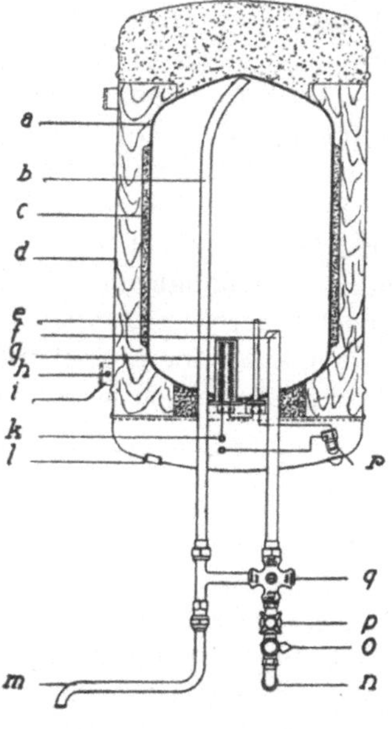


Abb. 14. Schnitt durch den Bergmann-Heißwasser-Niederdruck-Speicher.

*a* Innenkessel. *b* Überlaufrohr. *c* Wärmeschutzisolation. *d* Außenmantel. *e* Temperaturregler mit Momentschaltung. *f* Zu- bzw. Auslaufrohr. *g* Heizkörper. *h* Erdungsschraube. *i* Aufhängebügel. *k* Anschlußklemmen. *l* Isolierte Einführung des elektrischen Anschlusses. *m* Schwenkarm. *n* Bauseitige Bleirohrverbindung mit Lötzapfen und Verschraubungen. An Stelle des vorhandenen Wasserleitungshahnes: *o* Absperrhahn mit Entleerungsvorrichtung und Druckreduzierventil. *p* Absperrhahn mit Rückschlagventil in der Kaltwasserzuleitung. *q* Schalthahn. *r* Stromzeiglampe.

Die Heizkörper (*g*) sind bei diesem Erzeugnis in Messingflachrohre (Taschen) eingeschoben, in der Form niedrig, aber dafür breiter gehalten, so daß sie nicht das Niveau des Zu- bzw. Auslaufrohres (*f*) erreichen und infolgedessen dauernd vollständig von Wasser bedeckt sind, auch wenn der Speicher bereits seinen ganzen nutzbaren Inhalt als Entleerungsspeicher abgegeben hat. Es kann also nie das gefürchtete „Trockengehen" eintreten. Durch diese Schutzwassermenge tritt hier bei der Verwendung in der Schaltung „Entleerungsspeicher" außer den bekannten Vorteilen, wie höchster thermischer Nutzeffekt und praktisch gleichbleibende Temperatur, während der ganzen Verbrauchszeit, noch ein weiterer Vorteil in Erscheinung: wenn nämlich nach Entnahme des Nenninhaltes noch einige Liter heißes Wasser fehlen und bald gebraucht werden sollten, stehen diese in kurzer Zeit, ohne Einschalten des Stromes, zur Verfügung. In diesem Falle wird nur die fehlende Menge in den Speicher eingelassen; sehr bald kann nun Wasser von mittlerer Temperatur wieder entnommen werden, weil in kurzer Zeit ein Mischen des die Heizkörper immer bedeckenden Schutzwassers von rund 85° C mit dem nachgelassenen Frischwasser stattfindet. Bevor man am Morgen das erstemal heißes Wasser entnimmt, muß man sich allerdings darüber klar sein, ob man an diesem Tage den Heißwasserspeicher als Überlauf- oder Entleerungsspeicher benützen will. Denn hat man ihn bereits nach dem Überlaufprinzip benützt, so befindet sich am Speicherboden eine mehr oder weniger hohe Schicht kalten Wassers, das zuerst teilweise wieder herausströmt, wenn man auf „Entleerungsspeicher" umschaltet. Auch wird der thermische Nutzefekt hierbei wesentlich schlechter. Ebenso ist es natürlich auch vorteilhaft, den Speicher erst teilweise zu entleeren und ihn dann — mit kaltem Wasser natürlich — wieder aufzufüllen, bis er als Überlaufspeicher funktioniert.

Zur Kontrolle, ob der Heizkörper von Strom durchflossen wird, ist an der Vorderseite des Speichers unten eine Merklampe ($r$) angebracht. Den beschriebenen Heißwasserspeicher stellen die Bergmann-Elektrizitätswerke, Berlin, in den Größen von 15, 25, 50, 80 und 120 Liter Inhalt her und haben bei den gangbaren Größen von 25, 50 und 80 Liter, die erfahrungsgemäß öfters gegen die nächstgrößere Type ausgetauscht werden, auch eine Einheitsbefestigung an der Wand vorgesehen, so daß mit dem Austausch keine neuerlichen Stemmarbeiten verbunden sind.

## B. Die Druckanordnung.

Waren die bisher erörterten Installationssysteme und Bauarten der Heißwasserspeicher prinzipiell auf e i n e n Heißwasserauslauf beschränkt, der bestenfalls durch den Kunstgriff der Verwendung eines Mehrweghahnes sozusagen in zwei oder drei Zapfstellen unterteilt wurde, so ist durch die Druckanordnung die Möglichkeit gegeben, von einem Heißwasserspeicher aus beliebig viel Entnahmestellen für Heißwasser zu versorgen, sofern hierfür der Wasserdruck ausreicht und die Wärmeverluste durch räumliche Entfernung nicht zu groß werden.

Wo immer eine Druckwasserleitung vorhanden ist, gleichgültig ob sie von einer motorisch betriebenen Hauswasserpumpe oder von der Ortswasserleitung gespeist wird, ist die Druckanordnung anwendbar.

Steht keine Druckwasserleitung zur Verfügung, so muß eine solche geschaffen werden durch Anlage eines Hochbehälters am Dachboden oder einer nahen Bodenerhebung, der zumindest den Tageswasserbedarf faßt. Die Druckanordnung ist das allgemeinere, fast immer anwendbare System, dem daher eine noch größere Bedeutung zukommt als den bisher besprochenen drucklosen Anordnungen. Dem wird, wie man sieht, auch seitens der Erzeugerfirmen Rechnung getragen, denn die Herstellung von Niederdruckspeichern hat in Österreich so gut wie aufgehört und auch in Deutschland herrscht die Tendenz, möglichst nur Hochdruckspeicher für 6 bis 9 at Betriebsdruck zu erzeugen. Man ist dadurch gar nicht veranlaßt, von der drucklosen Installation des Heißwasserspeichers abzugehen, denn es läßt sich selbstverständlich jeder Hochdruckspeicher ohne irgendwelche Änderungen an ihm auch in druckloser Anordnung verwenden. Hingegen kann umgekehrt ein

Niederdruckspeicher nie in Druckanordnung installiert werden, denn er ist meist nur für höchstens 2 at Betriebsdruck gebaut.

Zunächst sei kurz das Wesen der Druckanordnung erläutert. Während bei der bisher behandelten drucklosen Installation der Innenraum des Speicherkessels ständig durch eine nicht verschließbare Öffnung mit der Außenluft in Verbindung steht und beispielsweise bei den Überlaufspeichern das heiße Wasser ohne jede Druckerhöhung durch das nachströmende kalte aus dem Speicher hinausgedrängt wird, ist der Innenraum des Druckspeichers völlig abgeschlossen.

Die Heißwasserzapfstellen sind sämtlich mit Absperrventilen versehen, die eben nur zur Heißwasserentnahme aufgedreht werden; das Kaltwasserventil ist normal immer offen und dient nur zur Absperrung, wenn der Speicher abmontiert wird (also umgekehrt wie beim drucklosen Überlaufspeicher, bei dem der Heißwasserauslauf immer offen und überhaupt ohne Absperrventil bleibt, während zur Heißwasserentnahme das Kaltwasserventil aufgedreht wird). Der Speicherkessel steht somit im normalen Betriebe ständig unter dem vollen Wasserleitungsdruck, soferne er nicht 5—6 at überschreitet. Bei höheren Wasserleitungsdrücken (über 6 at) muß noch ein Reduzierventil (Abb. 43, S. 40) in der Kaltwasserzuleitung eingebaut werden, das den Wasserleitungsdruck auf das zulässige Maß herabmindert, oder es muß zur Anlage eines Hochbehälters mit Schwimmkugelventil (Abb. 17, S. 21) übergegangen werden.

Die Anwendung höherer Drücke als bis etwa 5 at bei normaler Druckanordnung ist nicht zu empfehlen, auch wenn sie der Speicher vertragen würde; die Absperrventile spritzen dann beim Öffnen recht unangenehm, sie sind schwerer dicht zu halten und schließlich ist der Wasserverbrauch resp. die Wasservergeudung bei spritzendem Strahl größer. Außerdem ist auch das Geräusch in den Rohrleitungen bei hohen Drücken stärker.

Wird der Speicher erstmalig in Betrieb genommen, so dreht man das Kaltwasserventil auf und der Speicher beginnt sich zu füllen. Die in ihm enthaltene Luft muß man durch Öffnen eines Heißwasserauslaufes entweichen lassen. Sobald aus diesem auch Wasser austritt, ist das ein Zeichen, daß der Speicher mit Wasser vollkommen gefüllt ist und man schließt nun den Heißwasserauslauf. Da im Speicherkessel weitere Wassermengen keinen Platz mehr haben, hört der Zufluß auch bei offenem Kaltwasserventil von selbst auf. Der Speicher steht jetzt unter Druck. Ebenso natürlich alle direkt zu ihm hin oder von ihm wegführenden Wasserleitungen. Dann erfolgt die elektrische Aufheizung. Will man heißes Wasser an irgendeiner Auslaufstelle entnehmen, so dreht man dort einfach das Absperrventil auf. Der Wasserleitungsdruck befördert dann solange kaltes Wasser unten in den Heißwasserspeicher hinein und drängt oben das Heißwasser zum Auslauf hinaus, als dieser eben offen ist. Der Speicherkessel ist also ständig mit Wasser gefüllt, kann daher nie Schaden leiden, wenn die Heizung eingeschaltet wird.

Bei der Druckanordnung ist es natürlich genau so nötig, ein Rückschlagventil in die Kaltwasserzuleitung einzubauen, um das Zurücktreten des heißen Wassers in diese zu vermeiden und Strömungen durch Temperaturdifferenzen unmöglich zu machen. Durch dieses Rückschlagventil ist der Kesselinhalt des Heißwasserspeichers nun aber auch auf der Kaltwasserseite gegen außen vollständig abgeschlossen. Überdrücke, die im Innern entstehen, könnten sich nach außen nicht ausgleichen, sondern würden, wenn sie hoch genug werden, den Kessel des Heißwasserspeichers sprengen. Solche Überdrücke kommen z. B. durch unzuläßige Dampfbildung im Speicher oder auch jedesmal bei der Aufheizung durch die Ausdehnung des Wassers im Speicherkessel zustande. Es ist daher eine Apparatur unumgänglich notwendig, die dem Wasserleitungsdruck standhält, auftretenden Überdrücken jedoch die Möglichkeit gibt, sich gefahrlos nach außen auszugleichen. Diese Aufgabe erfüllt das Sicherheitsventil (Abb. 48, S. 42). Es ist natürlich prinzipiell gleichgültig, ob man diese Druckausgleichsmöglichkeit auf der Kalt- oder der Heißwasserseite anordnet. Da jedoch Sicherheitsventile, die in der Heißwasserableitung des Speichers eingebaut werden, wegen Undichtwerdens der Ventile und besonders bei kalkhaltigem Wasser infolge der Ablagerungen sehr bald nicht mehr funktionieren, werden sie jetzt fast ausschließlich in die Kaltwasserzuleitung als das dem Speicher nächste Ventil eingeschaltet.

Auf die Reihenfolge der Ventile ist bei der Montage genauestens zu achten.

Von der Kaltwasserzuleitung zum Speicher hin, also in der Strömungsrichtung des Wassers gesehen, ist diese Reihenfolge also:

Wasserleitung — Absperrventil — (Reduzierventil) — Rückschlagventil — Sicherheitsventil — Heißwasserspeicher.

Sie muß unbedingt eingehalten werden, da z. B. die Vertauschung von Rückschlag- und Sicherheitsventil jede Wirkung des letzteren unmöglich macht und den Heißwasserspeicher schwer gefährdet.

Das Sicherheitsventil kann natürlich erst an Ort und Stelle, wenn es montiert ist, richtig eingestellt werden; der genaue, am Verwendungsort herrschende Wasserleitungsdruck ist ja dem Lieferanten meist nicht bekannt und so liefert er das Ventil auf einen mittleren Druck (etwa 4 at) eingestellt. Da das Sicherheitsventil dazu da ist, gegebenenfalls Wasser abzulassen, muß es einen eigenen Ablauf bekommen (siehe die nächsten Abbildungen), der zweckmäßig sichtbar gemacht wird, um die Funktion des Sicherheitsventiles kontrollieren zu können. (Über Montage und Einstellung des Ventiles siehe S. 43.)

Der ausschlaggebende Vorteil der Druckanordnung des Heißwasserspeichers liegt wohl in der unbeschränkten Zahl der Heißwasserausläufe, die man versorgen kann. Wo eine Hauswasserleitung oder ein Hochbehälter vorhanden ist und der Speicher nicht gerade nur für die Küche verwendet wird, kommt wohl kaum eine andere Installation in Frage. Ein Trockengehen des Speichers ist unmöglich, da er immer mit Wasser gefüllt ist, solange die Wasserleitung Druck hat und das Rückschlagventil richtig funktioniert.

Schließlich sei noch erwähnt, daß auch bei dieser Anordnung infolge der Absperrventile bei jedem Heißwasserauslauf die Verluste durch Nachlauf- oder Tropfwasser verschwindend gering sind.

Im folgenden sollen nun die verschiedenen Anschlußwerte der Heißwasserspeicher für Druckinstallation und einige Spezialausführungen besprochen werden.

## 1. Der Heißwasserspeicher im Anschluß an eine Druckwasserleitung oder motorisch betriebene Pumpe.

Wo Druckwasser vorhanden ist und mehr als ein Auslauf mit heißem Wasser gespeist werden soll, ist die aus der Abb. 15 ersichtliche Druckanordnung die normale Lösung. Das Prinzipielle daran ist bereits im vorstehenden ausführlich erörtert worden und erübrigt sich somit eine nochmalige genaue Erklärung.

Die Abb. 15 zeigt einen Wandspeicher in Druckanordnung für zwei Auslaufstellen u. zw. für einen Waschtisch- und einen Küchenauslauf. Die Installation der Wasserleitungen und die Anordnung der Ventile ist deutlich zu erkennen. Wenn mit dieser Druckinstallation mehrere Entnahmestellen für heißes Wasser versorgt werden sollen, so handelt es sich auch meist um einen größeren Heißwasserspeicher. Dieser ist dann ein Standspeicher und es zeigt Abb. 16 die Anordnung der Rohrleitungen für Kaltwasser, Heißwasser und Ablauf bei 4 Zapfstellen (Badewanne, Waschtisch, Bidet im Bade-

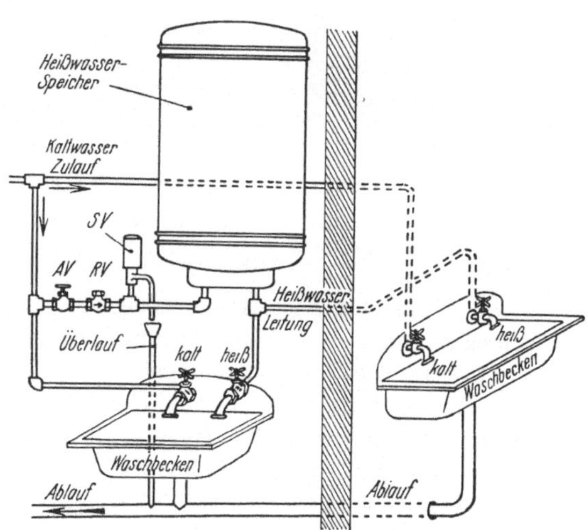


Abb. 15. Wandspeicher in Druckanordnung für 2 Ausläufe.
*AV* Absperrventil. *RV* Rückschlagventil. *SV* Sicherheitsventil.

zimmer und Abwaschtrog in der Küche). Der Anschluß des Entleerungshahnes am Heißwasserspeicher unten an die Ablaufleitung darf nicht vergessen werden.

## 2. Der Heißwasserspeicher mit Hochbehälter.

Diese Anschlußart bietet insofern eine besonders große Sicherheit, als hier das Sicherheitsventil und das bei Wasserleitungsdrücken von über 6 at notwendige Reduzierventil entfallen; eventuell auch das Rückschlagventil, wenn zwischen Hochbehälter und Speicher keine Zapfstellen liegen. Drucksteigerungen im Speicherkessel sind völlig

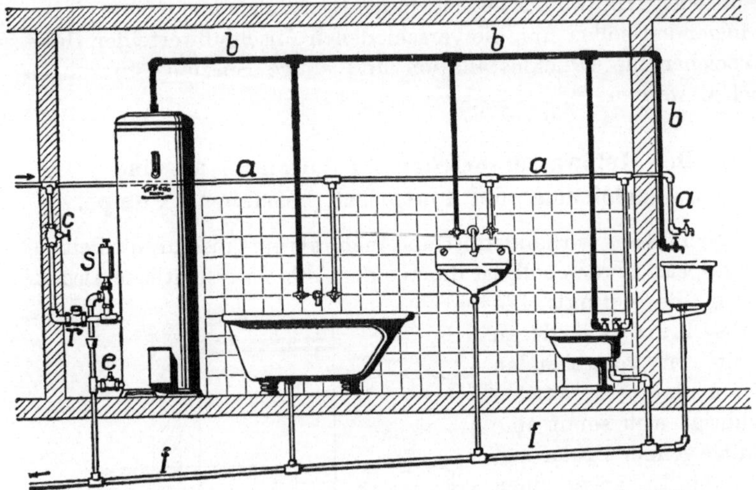


Abb. 16. Standspeicher in Druckanordnung zur Versorgung von 4 Zapfstellen. *a* Kaltwasserzulauf. *b* Heißwasserleitung. *c* Absperrventil. *e* Ablaßhahn. *f* Abwasserablauf. *r* Rückschlagventil. *s* Sicherheitsventil.

ausgeschlossen und ist die ganze Anlage überhaupt frei von allen Druckschwankungen des Wasserleitungsnetzes. Der Hochbehälter *d* muß 1 bis 2 m über dem höchstgelegenen Heißwasserauslauf angebracht werden, damit an dieser Entnahmestelle noch genügend Druck herrscht (Abb. 17). Man wird den Hochbehälter also wohl meist auf den Dachboden verlegen, während der Heißwasserspeicher im Keller oder im Erdgeschoß seinen Platz findet. Der Hochbehälter wird durch eine Wasserleitung irgendwelcher Art gefüllt, ist mit einem Schwimmkugelventil für diesen Zulauf versehen, das den Wasserzufluß absperrt, wenn der Behälter voll ist und ihn wieder öffnet, wenn der Wasserspiegel infolge Wasserentnahme sinkt. Wird der Behälter z. B. durch Defekt des Schwimmerventiles zu voll, so leitet ein Überlaufrohr $f_1$, das direkt in den Wasserablauf führt, das zuviel nachströmende Wasser schadlos in den Abfluß.

Der Inhalt des Hochbehälters soll etwa 8 bis 10% des Speicherinhaltes betragen und außerdem noch eine 5%ige Ausdehnung der Wassermenge im Speicher zulassen. Handelt es sich um die Heißwasserversorgung eines Hauses, das keine Druckwasserleitung hat, mit mehreren Zapfstellen, so muß der Hochbehälter natürlich größere Abmessungen bekommen, da er ja mindestens den Heißwasserbedarf eines Tages fassen muß und man ihn nur einmal am Tage mittels Handpumpe oder Motorpumpe anfüllt.

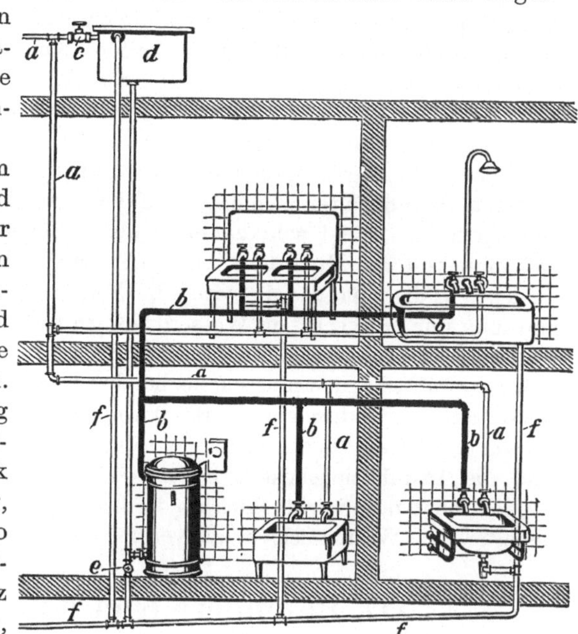


Abb. 17. Schema einer Druckanlage mit Hochbehälter (gleichzeitig Ausdehnungsgefäß) mit Schwimmkugelventil. *a* Kaltwasserleitung. *b* Heißwasserleitung. *c* Absperrventil. *d* Hoch-(Ausdehnungs-)Behälter. *e* Ablaßhahn. *f* Abwasser- und Überlaufleitung.

Erst von diesem Hochbehälter aus wird der Heißwasserspeicher durch das nach unten führende Kaltwasserzuleitungsrohr gefüllt und im normalen Betriebe ständig voll erhalten. Durch die Anordnung eines Schwimmerbehälters ist also der Druck in der Wasserleitung, auch wenn er noch so hoch ist, für den Heißwasserspeicher ganz gleichgültig geworden, denn diese Wasserleitung füllt ja nur den Behälter und hat mit dem Speicher direkt gar nichts zu tun. Für den Druck, unter dem der Speicherkessel und der in gleicher Höhe verlaufende Teil des Heißwasserrohrsystems steht, ist nur die Höhe des Schwimmerbehälters über dem Heißwasserspeicher maßgebend. Hierbei ergeben unter normalen Verhältnissen 10 m Höhenunterschied den Überdruck von einer Atmosphäre im Speicherkessel. Ist der Hochbehälter also im selben Haus z. B. am Dachboden untergebracht, so werden bei dieser Anordnung kaum höhere Drücke als 1,5 bis 2,5 at entstehen. Die Funktion dieses Heißwasserspeichers ist genau die eines normalen Druckspeichers. Ein Rückschlagventil anzuordnen ist hier überflüssig, denn es besteht keine Gefahr, daß das heiße Wasser durch das Kaltwasser-Zuleitungsrohr hinauf in den Hochbehälter steigt. Dadurch wird nun aber auch das Sicherheitsventil überflüssig, denn das Speicherinnere ist ja jetzt gegen die Kaltwasserseite hin nicht mehr starr abgeschlossen, sondern es kann sich der Speicherinhalt bei Erwärmung ohne weitere Drucksteigerung gegen das Schwimmergefäß *d* hin ausdehnen. Man kann diese Ausdehnungsmöglichkeit natürlich auch auf der Heißwasserseite vorsehen, indem man die Heißwasserleitung noch über den höchsten Auslauf hinaufzieht und in das Schwimmergefäß über dem Wasserspiegel (in der Richtung von oben nach unten) einmünden läßt. Letztere Anordnung ist jedoch mit etwas größeren Wärmeverlusten verbunden. Dann kann man in die Kaltwasserzuleitung vor dem Speicher auch ein Rückschlagventil einbauen.

Wenn auch die besprochene Anordnung des Speicheranschlusses an einen Hochbehälter in manchen Fällen notwendig sein wird, ist sie im allgemeinen nicht sehr zu empfehlen. Sie hat zwar den Vorteil, daß man von der Höhe des Wasserleitungsdruckes in bezug auf den Speicher völlig unabhängig wird, die Ventilanordnung vereinfacht ist und man nur mit geringem Wasserdruck zu tun hat, aber gerade dieser letztere Umstand bedingt, daß die Rohrleitungen im Durchmesser größer gewählt werden müssen, als bei direktem Anschluß an die Druckwasserleitung, wodurch größere Wärmeverluste in der Heißwasserleitung entstehen, die den Nutzeffekt der Anlage verringern. Außerdem sind die Installationskosten höhere, da mehr Rohrleitungen verlegt werden müssen und schließlich ist die Gefahr des Einfrierens des Hochbehälters im Winter schwer zu vermeiden.

# III. Besondere Konstruktionen.

Bisher wurden nur ganz normale Typen von Heißwasserspeichern besprochen, in welchen auf einfachste Weise innerhalb einer gewissen Zeit mittels eines elektrischen Heizelementes der ganze Wasserinhalt aufgeheizt wird, und welche ausschließlich für Verwendung in vertikaler Lage an der Wand hängend oder als Standspeicher eingerichtet sind. Wie auf fast allen Gebieten hat die praktische Verwendung des Gerätes auch hier Erfahrungen gezeitigt, die im Verein mit den Forderungen der Praxis und den Wünschen der Konsumentenschaft die Entwicklung einer Anzahl von Spezialkonstruktionen erforderlich machte. Im folgenden soll eine Anzahl solcher von der normalen Bauart abweichender Ausführungen, die natürlich fast ausschließlich bei größeren Speichern und Druckanordnung vorkommen, beschrieben werden:

## 1. Der Heißwasserspeicher mit Tageszusatzheizung.

Es kommt bekanntlich vor, daß der normale, jeden Tag vorhandene Heißwasserbedarf, für den man also den Heißwasserspeicher dimensionieren sollte, an dem einen oder anderen Tage manchmal ganz beträchtlich überschritten wird, ohne daß man im vorhinein genauer sagen könnte, wann und um wieviel Heißwasser man mehr brauchen wird. Dieser Fall kommt z. B. sehr häufig bei Friseuren und da besonders auf dem Lande vor. Am Sonnabend, dem Tag des stärksten Betriebes, hat der Friseur öfters schon gegen Mittag das volle Heißwasserquantum aus dem Speicher entnommen und ist darüber sehr mißgestimmt, daß er seine Kundschaft nicht so gut bedienen kann, wie er möchte. Den Heißwasserspeicher nach dem höchsten überhaupt auftretenden Heißwasserbedarf zu bemessen, wäre natürlich unökonomisch gewesen, da er dann gerade nur einen Tag in der Woche hätte wirklich ausgenützt werden können.

Hier liegt der typische Fall für die Notwendigkeit einer Zusatzheizung vor. Mit der ein- bzw. zweistündigen Nachheizung zu Mittag zum billigen Nachtstrom, wie sie von den meisten Elektrizitätswerken eingeräumt wird, ist dem Konsumenten meist nicht viel genützt; bei all den Speicherarten, die ständig mit Wasser vollgefüllt sind, befindet sich ja der Heizkörper — auch wenn dem Speicher noch nicht viel Heißwasser entnommen wurde — unten in der Zone des kalten (zugeströmten) Wassers. In diesen ein bis zwei Mittagsstunden wird der Heizkörper das kalte Wasser nur wenig erwärmen können. Befindet sich in einem derartigen Speicher aber oben noch eine mehr oder weniger große Quantität heißen Wassers, so entstehen durch dieses Nachheizen in dem Heißwasserspeicher Strömungen in vertikaler Richtung, die eine Vermischung des heißen und des kalten Wassers im Speicher bewirken und daher sogar noch eine Abkühlung des noch vorhandenen Heißwassers zur Folge haben. Die Wärme, die der elektrische Strom in dieser Nachheizungszeit erzeugt hat, geht natürlich nicht verloren, sondern erhöht wohl die Durchschnittstemperatur des Speicherwassers, die aber für viele Verwendungszwecke zu niedrig ist. Daraus ergibt sich, daß bei den ständig mit Wasser gefüllten Heißwasserspeichern von der Nachheizung zu Mittag meistenteils sogar abzuraten ist. Nur beim Entleerungsspeicher (siehe S. 13) hat man, wie dort bereits erwähnt, die Möglichkeit (wenn er schon leer ist), ein geringes Wasserquantum, das man nachfüllt, während der Mittagszeit auf volle Temperatur aufzuheizen.

Um also unserem normalen Heißwasserspeicher an solchen Tagen gesteigerten Bedarfes eine größere Heißwassermenge entnehmen zu können, als sein sonstiger nutzbarer Inhalt ist, wird man eine zusätzliche Heizeinrichtung vorsehen, die ganz unabhängig vom Hauptheizkörper und seinem Zeitsperrschalter mit Tagstrom betrieben werden kann. Damit das erwähnte Wasser nicht wieder Strömungen im ganzen Speicher erzeugt, sondern die Zusatzheizung tatsächlich nur einen Teil des Wasserinhaltes, diesen aber auf volle Temperatur, erwärmt, wird sie, wie die Abb. 18 zeigt, im oberen Teil des Heißwasserspeichers, u. zw. beiläufig im oberen Drittel der Höhe eingebaut; mit diesem Zusatzheizkörper kann das oberste Drittel des Speichers mit Tagstrom auf volle Temperatur von 85° C aufgeheizt werden, welches zusätzliche Heißwasserquantum in den meisten Fällen vollkommen ausreicht, um dem gesteigerten Bedarf zu genügen. Dieser obere Heizkörper ist daher auch nur für ein Drittel der elektrischen Leistung gebaut, verbraucht also wenig Strom, so daß die Zusatzheizung trotz des teuren Tagstromes keineswegs kostspielig ist. Selbstverständlich kann von der Zusatzheizung auch eine kürzere Aufheizdauer verlangt werden und ist der Heizkörper dann dementsprechend stärker zu wählen. Auch hier ist für die Einhaltung der Temperatur durch einen automatischen Temperaturschalter (Quecksilberkipper) gesorgt. Ein Heißwasserspeicher mit dieser Zusatzeinrichtung ist also sonst täglich voll ausgenützt und somit trotz des etwas höheren Preises meist die wirtschaftlichste Lösung für derartige Fälle. Solche Zusatzheizungen werden in Heißwasserspeicher, von 100 Liter Inhalt angefangen, eingebaut. Die Wasserleitungsinstallation ist vollkommen die gleiche wie für die analogen Speicher mit einem Heizkörper. Es sei noch besonders betont, daß der Speicher mit Tageszusatzheizung für jeden Heizkörper auch einen eigenen Temperaturregler besitzt und daß die Leistung des unteren Heizkörpers dem ganzen Speicherinhalt entsprechend ausgelegt wird.

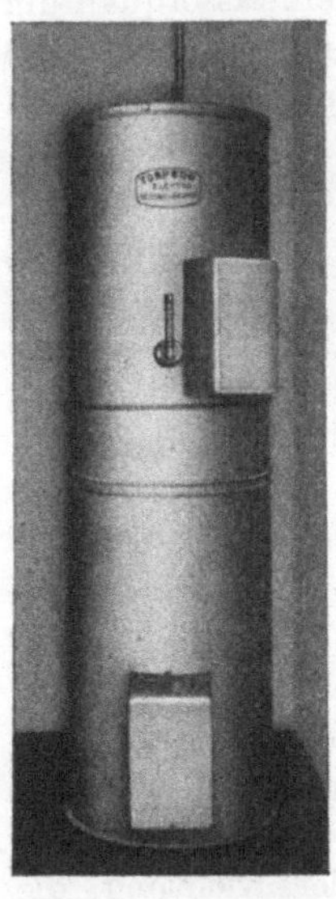

Abb. 18. Heißwasserspeicher mit Zusatzheizung.

## 2. Heißwasserspeicher liegender Bauart.

Daß die allermeisten Heißwasserspeicher, mit Ausnahme der ganz großen, ihre Hauptausdehnung in vertikaler Richtung haben, ist nicht nur darauf zurückzuführen, daß ein solcher Zylinder in den meisten Räumen in aufrechter Lage eben doch noch am leichtesten untergebracht werden kann, sondern hat seinen tieferen Grund noch in den anderen Abkühlungsverhältnissen des liegenden Speichers. Bei einem solchen — und wir sprechen hier natürlich nur von Speichern, die ständig mit Wasser gefüllt sind — ist die Fläche, in der sich kaltes und heißes Wasser berühren, also die Mischzone, viel größer als beim vertikalen Speicher. Bei kleinerem Speicherinhalt (bis etwa 150 Liter) macht dies soviel aus, daß man bis zu dieser Größe kaum je einen liegenden Heißwasserspeicher antreffen wird. Versuche an mittleren Größen (200 bis 400 Liter) haben gezeigt, daß die liegende Anordnung nur mehr ein paar Prozente der Vermischung mehr bedingt als die vertikale.

Von einem Speicherinhalt von 500 Liter ab besteht jedoch gar kein Grund mehr, den Speicher nicht in liegender Anordnung auszuführen. Es ist dann nur die Kostenfrage zu erwägen, denn infolge der Einzelherstellung kostet ein solcher liegender Speicher etwa 10% mehr als der gleichgroße in normaler aufrechter Ausführung und hat auch eine

Abb. 19. Heißwasserspeicher liegender Bauart (Großkessel für Zentralheizung).

wesentlich längere Lieferzeit. Trotzdem verlangt nun aber einmal die Praxis bisweilen solche liegende Speicher, insbesondere bei größeren Typen, denn diese lassen sich stehend viel schlechter unterbringen. Die Abb. 19 zeigt einen solchen großen Heißwasserspeicher liegender Bauart für Zentralheizung im Keller.

## 3. Heißwasserspeicher mit Doppelmantel.

Die wirtschaftliche Lösung der Warmwasserversorgung eines Hauses, in welchem Zentralheizungsanlage besteht oder geplant ist, stößt auf betriebliche Schwierigkeiten. Den Kohlenkessel dadurch vollständig zu verdrängen, daß der Heißwasserspeicher auch die große Warmwasserzentralbeheizung besorgt, wird kaum möglich sein, da die Konkurrenzfähigkeit des Heißwasserspeichers für eine ganze Raumheizungsanlage erst bei sehr niedrigen Strompreisen gegeben ist, die viele Elektrizitätswerke nicht zugestehen können und wollen. So endet die Sache meist damit, daß, wenn schon ein Kohlenkessel für die Zentralheizung aufgestellt werden muß, auch die Heißwasseranlage des Hauses für Bäder, Waschtische usw. keine elektrischen Heißwasserspeicher, sondern eine andere Feuerung bekommt oder vom Zentralheizungskessel mit beheizt wird. Andererseits wieder verzichtet man nur ungern auf die allgemein bekannten, auf keine andere Weise erreichbaren Vorzüge der elektrischen Heißwasserbereitung und vermeidet in der wärmeren Jahreszeit gerne überhaupt jedes Kesselanheizen. Hier schafft die Konstruktion der Gesellschaft für Elektroheizungstechnik in Wien neue Möglichkeiten. Sie umgibt den Heißwasserspeicher mit einem zweiten äußeren Mantel, der mittels zweier Anschlußstutzen an die Zentralheizung (Warmwasser oder Dampf) angeschlossen wird (Abb. 20). Die auf diesem Gebiet entstandenen, teilweise recht komplizierten und doch selten befriedigenden Anordnungen mit separat beheizten Boilern, eingebauten Rohrschlangen usw. erfahren hierdurch eine bedeutende Vereinfachung.

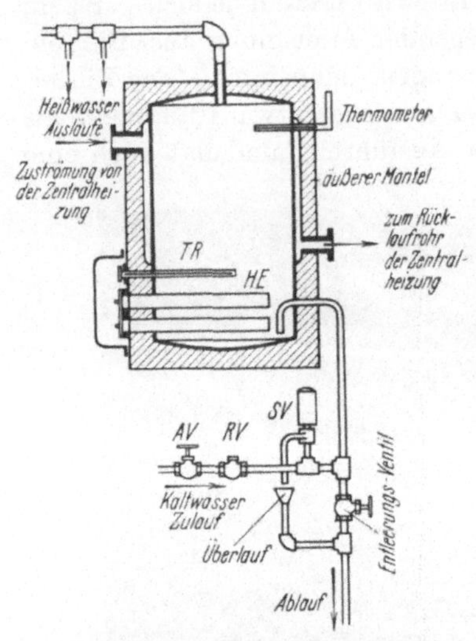


Abb. 20. Schema eines Doppelmantel-Boilers.
*AV* Absperrventil. *RV* Rückschlagventil. *SV* Sicherheitsventil. *HE* Heizelement. *TR* Temperaturregler.

Die Heißwasseranlage des Hauses oder der Wohnung mit Zentralheizung (Abb. 21) wird von einem solchen Doppelmantelboiler genau so versorgt, wie von einem gewöhnlichen Druckspeicher (drucklose Anordnung ist zwar möglich, kommt aber wohl kaum vor). Im Sommer funktioniert der Doppelmantelboiler als gewöhnlicher Heißwasserspeicher und die Zentralheizung ist vollständig außer Betrieb. Im Winter jedoch läßt man den Außenmantel des Boilers von dem Dampf oder dem Warmwasser der Zentralheizung durchströmen und heizt den Gesamtinhalt des Speichers auf diese Weise auf. Es erfolgt also die Wärmeübertragung durch die Wandung des inneren Kessels. Ist der Speicher mit heißem Wasser noch gänzlich gefüllt, so findet kein Wärmeübergang durch die innere Kesselwand

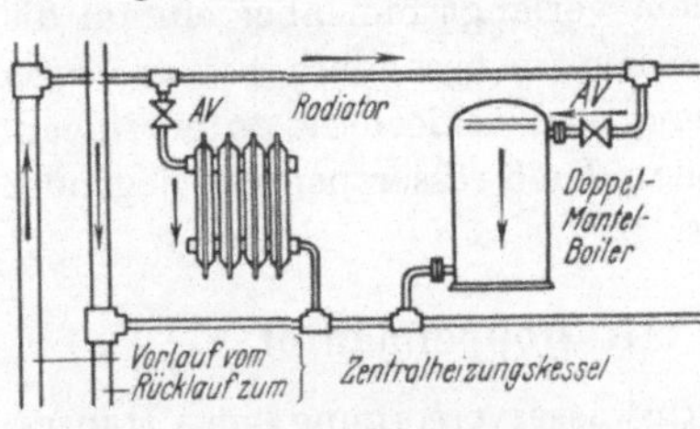


Abb. 21. Anschlußschema eines Doppelmantelboilers.
*AV* Absperrventil.

statt, da keine Temperaturdifferenz zwischen Speicherinhalt und Zentralheizungswasser- bzw. Dampf besteht. Nur wenn dem Heißwasserspeicher Heißwasser entnommen wurde und dementsprechend das gleiche Quantum Kaltwasser an seinem Boden nachgeströmt ist, wird die zur Aufheizung desselben nötige Wärme der Zentralheizung entnommen. Die Anordnung arbeitet vollkommen automatisch und dabei auch äußerst sparsam.

Dadurch, daß die Beheizung des Doppelmantelboilers solange erfolgt, als die Beheizung in Betrieb ist, kann meist tagsüber mehrmals sein gesamter Inhalt an heißem Wasser entnommen werden, wodurch also auch dem im Winter erfahrungsgemäß höheren Heißwasserbedarf Rechnung getragen ist. Auf die elektrische Heizung kann im Winter so gut wie ganz verzichtet werden. Auch wenn die Zentralheizung während der Nacht außer Betrieb gesetzt wird, kühlt sich der Inhalt des Doppelmantelboilers infolge der vorzüglichen Wärmeisolierung kaum merkbar ab. Ein solcher Doppelmantelboiler kann wie jeder Zentralheizungsradiator in Parallelschaltung an die Zentralheizung angeschlossen werden, wobei der obere Einlaufstutzen unter Zwischenschaltung eines Absperrventiles mit dem Vorlaufrohr, der untere Stutzen mit dem Rücklaufrohr des Zentralheizungskessels verbunden wird. Die Ein- oder Ausschaltung erfolgt dann ganz einfach durch Auf- oder Zudrehen des eben genannten Absperrventiles. Diese Sonderkonstruktion wird von 100 Liter aufwärts hergestellt.

## 4. Sparboiler.

Es kommt vielfach vor, daß ein elektrischer Heißwasserspeicher nicht täglich voll ausgenützt wird, sondern daß hier und da, oftmals sogar immer an einer bestimmten Reihe von Tagen, nur ein wesentlich geringerer Heißwasserbedarf vorhanden ist. Es wird da vielfach der Fehler gemacht, den anzuschließenden Heißwasserspeicher einfach für den größten auftretenden Heißwasserbedarf auszulegen, ohne Rücksicht darauf, daß diese ganze Heißwassermenge verhältnismäßig gar nicht oft benötigt wird. Die Wärmeverluste an der Oberfläche eines Heißwasserspeichers sind infolge der guten Isolierung zwar sehr gering, doch bleiben sie gleich groß, gleichgültig ob täglich viel oder wenig Heißwasser entnommen wird. Bei geringerem Heißwasserverbrauch entfällt daher auf den Liter ein größerer Anteil der Verlustkosten. Um dem abzuhelfen, mußte man darnach trachten, einen Heißwasserspeicher zu konstruieren, der sich den tatsächlichen Verbrauchsverhältnissen möglichst anpaßt und je nach Bedarf einmal die normal benötigte, ein anderes Mal aber auch eine mehrfach größere Menge heißen Wassers zu liefern vermag. Zu diesem Zwecke wurden die sogenannten Sparboiler gebaut, die vermittels einer einfachen Umschaltung des Heizstromes gestatten, entweder den ganzen Inhalt des Speichers oder nur das obere Drittel desselben zu erhitzen. Es ist einleuchtend, daß, wenn durch ein Drittel der gesamten Wassermenge des Speichers aufgeheizt wird, auch die Wärmeverluste auf ein Drittel zurückgehen. (Da ja die unteren zwei Drittel des Speichers kaltes Wasser enthalten und daher in dieser Zone kein Temperaturabfall vorhanden ist.)

Wie die Abb. 22 zeigt, ist dieser Heißwasserspeicher im unteren Teil mit einem Heizkörper ausgerüstet, dessen Leistungsaufnahme für die Aufheizung des ganzen Wasserinhaltes vorgesehen ist. Im oberen Teil des Heißwasserspeichers ist ein zweiter kleinerer Heizkörper, der Sparheizkörper, angeordnet, der für die Aufheizung der über ihm gelegenen Wasserschicht bestimmt ist. Normalerweise wird dieser Sparheizkörper, in zwei Drittel der Kesselhöhe eingebaut und sein Anschlußwert mit einem Drittel des unteren Heizkörpers bemessen. Auf Wunsch kann der Sparheizkörper auch in anderer Höhe angebracht und mit anderer Heizleistung versehen werden, wenn dem Besteller das Verhältnis der Heißwassermengen $^1/_3$ zu $^2/_3$ nicht entspricht. Der Thermostat, der das Aus- bzw. Einschalten des Heizstromes bewirkt, ist oberhalb des Sparheizkörpers eingebaut, so daß er die Regelung der Temperatur sowohl für den ganzen Speicher als auch nur für das obere Drittel übernimmt. Die Umschaltung des Heizstromes vom unteren Heizkörper auf den oberen oder umgekehrt erfolgt mittels eines Umschalters, der von Hand aus betätigt wird. Am Vorabend des geringeren Heißwasserbedarfes wird man also nicht vergessen dürfen, vom unteren Heizkörper, der für den großen Speicherinhalt bestimmt ist, auf den oberen Sparheizkörper umzuschalten.

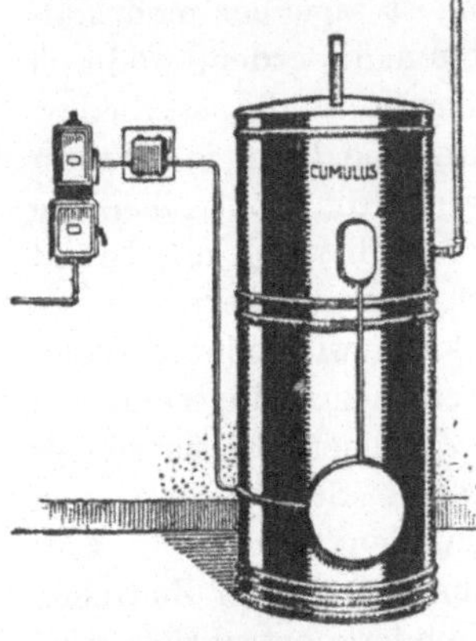

Abb. 22. Sparboiler.

Wie man sieht, unterscheidet sich dieser Sparboiler hinsichtlich seines Aufbaues in keiner Weise von dem unter a) besprochenen Heißwasserspeicher mit Zusatzheizung. Bei diesem ist der untere Heizkörper für den ganzen Speicher täglich normal mit billigem Nachtstrom in Betrieb und wird der Zusatzheizkörper für das obere Drittel nur bei erhöhtem Heißwasserbedarf mit Tagstrom zugeschaltet, während beim Sparboiler der untere Heizkörper für den ganzen Speicherinhalt am Vorabend des geringeren Heißwasserbedarfes abgeschaltet und nur der Sparheizkörper für das obere Drittel eingeschaltet wird. Beim Sparboiler kommt also nur billiger Nachtstrom zur Verwendung und die Leistung beider Heizkörper zusammen entspricht dem ganzen Speicherinhalt. Er wird deshalb auch nur mit einem Temperaturregler oberhalb des oberen Heizkörpers ausgerüstet.

Es wäre falsch, den unteren Heizkörper allein einzuschalten, weil dann nur eine Mischtemperatur des Wasserinhaltes erreicht würde.

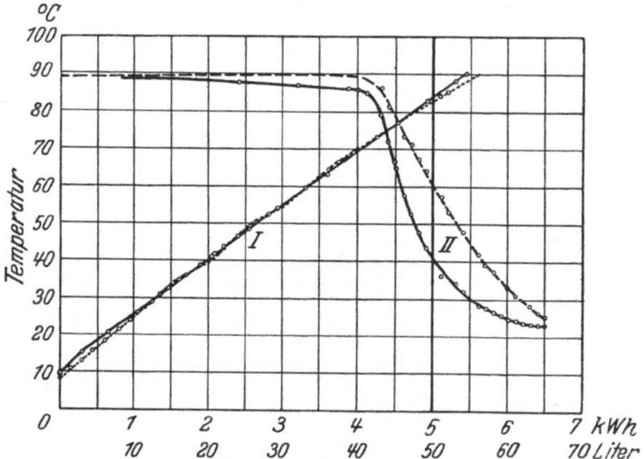


Abb. 23. Charakteristiken der 50 Liter-Stufe eines Sparboilers von 150 Liter Inhalt und eines 50 Liter-Wandboilers. Gestrichelt: Oberer Teil des 150 Liter-Boilers. Voll: Wandboiler 50 Liter. Kurven I: Aufheizung auf 90° C. Kurven II: Entleerung mit Nachfließen unmittelbar nach der Aufheizung auf 90° C.

Diese Konstruktion verhindert außerdem eine Verschwendung des heißen Wassers, die ja doch leicht einreißt, wenn man immer einen ganzen großen Speicher voll heißen Wassers zur Verfügung hat, der nicht ausgenützt ist. Im Zusammenhang mit unserer Schilderung der Wirkungsweise des Heißwasserspeichers auf Seite 4ff. sei hier nochmals der irrigen Auffassung entgegengetreten, daß für den Heißwasserspeicher die Betriebskosten täglich gleich groß seien, gleichgültig, ob viel oder wenig Wasser verbraucht wird. Dem ist nicht so. Die Apparate zur Regulierung der Heißwassertemperatur (also Temperaturschalter oder Temperaturregler) schalten den Strom ganz selbsttätig ein und aus, so daß also tatsächlich nur der kleineren oder größeren Heißwasserentnahme entsprechend ein Verbrauch von Heizstrom stattfindet. Nur die Wärmeverluste an der Oberfläche des Heißwasserspeichers sind, wie bereits erwähnt, so gut wie vollständig konstant, ob jetzt viel oder wenig Heißwasser verbraucht wird und beeinflussen dementsprechend die Kosten für einen Liter Heißwasser. Es ist daher in Anlagen mit zeitweise geringerem Heißwasserverbrauch der Sparboiler die einzig richtige und wirtschaftlichste Lösung, auch wenn sich seine Anschaffung um ein Geringes höher stellt als die eines gewöhnlichen Heißwasserspeichers.

## 5. Heißwasserspeicher mit Vorrichtung zur Raumheizung.

Wenn der Heißwasserspeicher für Badezwecke verwendet wird, so tritt der einzige effektive Nachteil zutage, nämlich die Unmöglichkeit, gleichzeitig das Badezimmer zu heizen. Es schien naheliegend, einfach einen Radiator an den Speicher anzubauen und ihn vom heißen Speicherwasser durchströmen zu lassen (Abb. 24). Der Wärmeabstrahlung des Radiators entsprechend wird der Stromverbrauch natürlich höher sein und der Heizkörper etwas größer dimensioniert werden müssen. Auch wird die Abkühlung des Speicherinhaltes wesentlich rascher erfolgen, wenn nicht nach Beendigung der Heizperiode durch Schließen des Absperrventiles am Radiator die Wasserzirkulation durch ihn unterbrochen wird. Bleibt das Radiatorventil weiter offen und wird dem Speicher nun auch noch warmes Wasser entnommen, so treten sehr ungünstige Wassermischungsverhältnisse auf, die die Gesamtökonomie in Frage stellen. Bei der gewöhnlichen Anordnung liegt der Vorlauf in dem Radiator wohl oben in der Heißwasserzone, der Rücklauf mündet unten in den Speicherkessel, wodurch das vom Radiator rücklaufende Wasser auf die am Boden des Speichers liegende nachgeströmte Wasserschichte von etwa 10° C auftrifft. Die starke Durchmengung des Speicherinhaltes ergibt dann schließlich ein ganz beträchtliches Mischwasserquantum von etwa 40° C, mit dem eigentlich nichts Rechtes mehr anzufangen ist. Dieser Übelstand kann nur dadurch vermieden werden, daß der Rücklauf aus dem Radiator nicht am Boden des Speicherkessels angeordnet wird, sondern bereits viel höher oben. Zum Betriebe des Radiators genügt es vollständig, wenn der Rücklaufstutzen 300—400 mm unterhalb des Vorlaufstutzens angebracht ist. Jedenfalls aber bekommt der Radiator bei diesen Anordnungen immer eine verhältnismäßig hohe Lage, während man die Raumheizung bekanntlich möglichst von unten wirken läßt. Eine ideale Lösung für die gleichzeitige Raumheizung durch den Badespeicher ist also noch durchaus nicht gefunden.

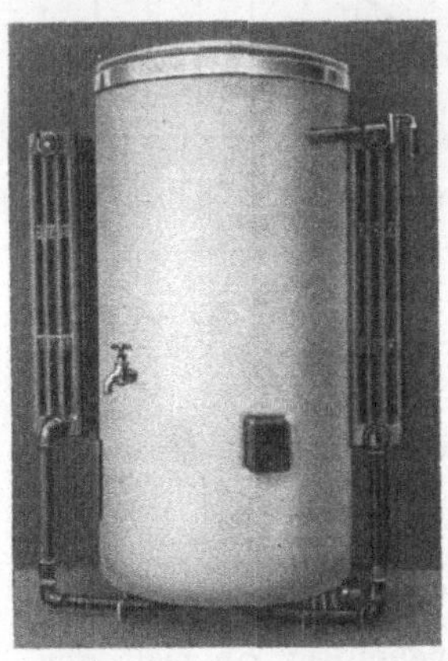

Abb. 24. Heißwasserspeicher mit angebauten Radiatoren zur Raumheizung. (Ausführung Sächsische Werke AG., Dresden.)

## 6. Größere Heißwasserspeicher für zentrale Warmwasserversorgung.

Eine Heißwasserzirkulation, wie sie für den angebauten Radiator nötig ist, muß vielfach auch dann angewendet werden, wenn die Heißwasserverteilungsleitungen sehr ausgedehnt sind (zentrale Heißwasserversorgung in Hotels, Villen usw.) und große Wärmeverluste in ihnen entstehen, so daß beim Öffnen einer Zapfstelle immer erst eine Menge kalten und lauwarmen Wassers ablaufen muß, bevor das heiße Wasser kommt. Es wird in einem solchen Falle eine sogenannte Zirkulationsleitung durch das ganze Haus verlegt, von der die einzelnen Zapfstellen mit möglichst kurzen Rohrstücken abzweigen (Abb. 25). Da diese

Zirkulationsleitung einerseits an den Heißwasseraustritt des Speichers, am anderen Ende an den — wie bereits erwähnt 300—400 mm tiefer angebrachten — Rücklaufstutzen angeschlossen ist, zirkuliert das heiße Wasser ständig nach dem Thermosyphonprinzip an den Heißwasserzapfstellen vorüber. Zur Regelung der Intensität dieser Zirkulation ist es angezeigt, direkt vor dem Rücklaufstutzen des Speichers ein gewöhnliches Absperrventil in die Leitung einzuschalten. Es ist natürlich notwendig, diese Leitung ganz besonders gut zu isolieren. Die in einer solchen Anlage auftretenden Wärmeverluste müssen zuerst errechnet werden, und es ist ein um die Verlustkalorienzahl größerer Heißwasserspeicher aufzustellen. Da die Anordnung einer Zirkulationsleitung bei größeren Speichern verhältnismäßig öfters vorkommt, sind Speicher von etwa 400 Liter Inhalt aufwärts vielfach mit einem solchen Zirkulationsstutzen versehen; auf Grund des Vorhergesagten ist jedoch darauf zu achten, daß dieser auch richtig angebracht ist (sich also nicht unten, sondern etwa 300—400 mm tiefer als der Heißwasseraustritt befindet).

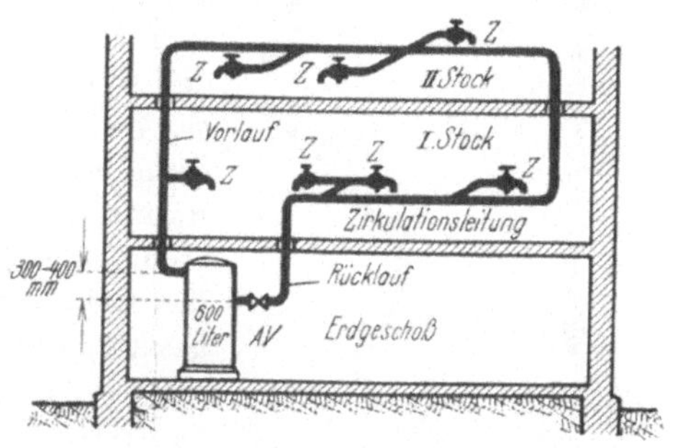

Abb. 25. Einfaches Schema einer größeren Zentralwarmwasserversorgung mit Zirkulationsleitung. *AV* Absperrventil. *Z* Zapfstelle.

# IV. Die verschiedenen Auslaufarmaturen und Ventile.

Die Zeit, in der der Heißwasserspeicher noch im Versuchsstadium war, ist eigentlich schon längst vorüber. Heute ist die Erzeugung dieses wichtigen Gerätes bereits auf einem so hohen Standard angelangt, daß grundlegende Neukonstruktionen kaum mehr zu erwarten sind und wohl nur mehr Verbesserungen durchgeführt werden. In den vergangenen Jahren der Konstruktion wurde jedoch die Installation des Heißwasserspeichers etwas stiefmütterlich behandelt, und so sehen wir jetzt die Erzeugerfirmen vielfach auf diesem Gebiete intensiv beschäftigt, die zu den verschiedenen Speicherarten gehörigen Armaturen und Ventile modern und aufs zweckmäßigste durchzubilden und dadurch die Montage des Heißwasserspeichers weitgehendst zu vereinfachen und gegen Fehler zu schützen. Zunächst werden die verschiedenen Arten der Heißwasserausläufe behandelt, aufsteigend von der einfachen zu komplizierterer Form und dann auch die einzelnen Ventile beschrieben.

**1. Der gerade Speicherauslauf** (Abb. 26) ist wohl die einfachste und billigste Ausführung einer Auslaufarmatur, kommt aber nur für Heißwasserspeicher mit einer Auslaufstelle meist in druckloser Anordnung in Frage und wird direkt an das Heißwasserrohr des Speichers angesetzt. Dieser muß also ein Wandspeicher sein, der direkt über dem Wandbrunnen, dem Spültisch, der Badewanne oder dem Waschbecken in geringer Höhe montiert ist. Am Auslaufende ist in das Rohr ein sogenannter Strahlregler eingesetzt, der das Ausfließen des Wassers in glattem, ruhigem Strahl bewirkt, während es sonst, besonders bei größerer Öffnung des Absperrventiles in Tropfen zersprüht.

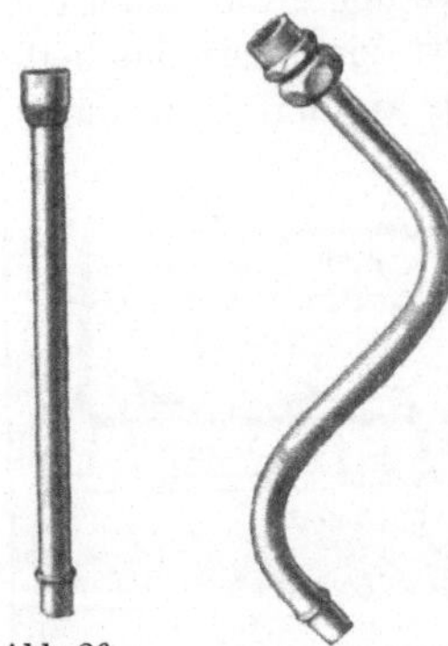

Abb. 26. Gerader Auslauf mit Strahlregler.

Abb. 27. Schwenkbarer Auslauf mit Strahlregler.

**2. Der schwenkbare Auslauf** (Abb. 27).

Für ihn gilt das vom geraden Speicherauslauf Gesagte. Er findet Anwendung, wenn der Heißwasserspeicher zwei direkt nebeneinander liegende Waschtische oder Spülbekken bedienen soll.

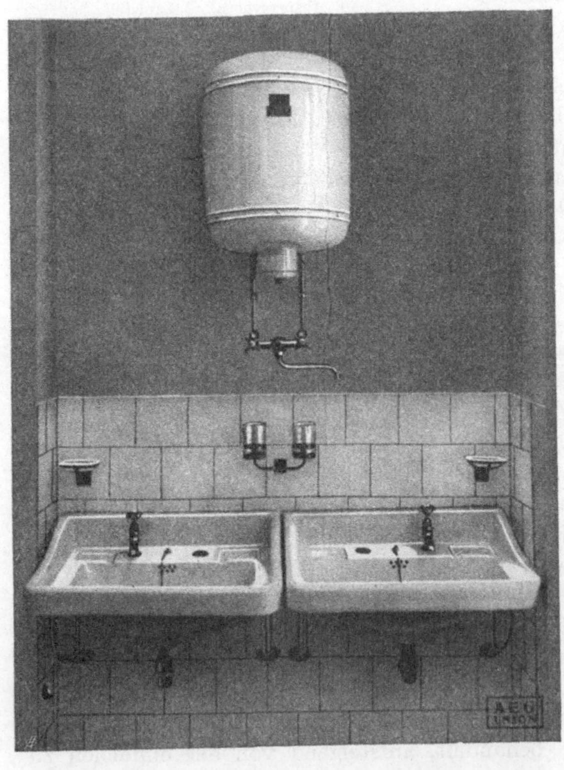


Abb. 28. Mischbatterie mit schwenkbarem Auslauf am Heißwasserspeicher über 2 Waschbecken.

**3. Die Mischbatterien.**

Sehr oft wird man nicht damit einverstanden sein, dem Heißwasserspeicher nur ganz heißes Wasser von etwa 80 bis 85° C entnehmen zu können, sondern wünschen, es bereits mit kaltem Wasser gemischt in gebrauchsfähigem, temperiertem Zustande zu erhalten. Hierzu ist die Anbringung einer sogenannten Mischbatterie nötig, die einerseits mit der Kaltwasserleitung, andererseits mit dem Heißwasserspeicher verbunden ist und durch das mehr oder weniger starke Aufdrehen der betreffenden Absperrventile die Mischung des heißen und kalten Wassers in der gewünschten Temperatur bewirkt. Entsprechend den zwei verschiedenen Systemen des Wasserleitungsanschlusses sind auch die Ausführungen der Mischbatterien für drucklose und Druckanordnung verschieden. Abb. 28 zeigt eine Ausführungsart einer solchen Mischbatterie für drucklose Anordnung zur Verwendung in Ansicht. Der Auslauf kann selbstverständlich schwenkbar gemacht werden oder mit einem Umstellhahn ausgerüstet sein, der den weiteren Anschluß einer festen oder beweglichen Brause (Schampunierbrause) ermöglicht. Abb. 29 stellt

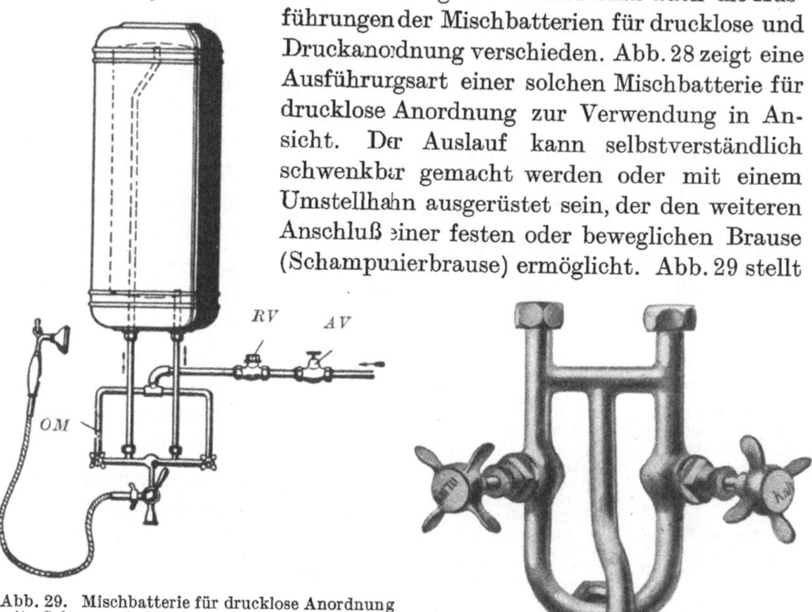


Abb. 29. Mischbatterie für drucklose Anordnung mit Schampunierbrause und Umstellhahn am Heißwasserspeicher.
*AV* Absperrventil. *OM* Offene Mischbatterie. *RV* Rückschlagventil.

Abb. 30. Mischbatterie für drucklose Anordnung.

letzteren Fall dar; die Mischbatterie ist im Prinzip genau die gleiche wie in Abb. 30 und 31, nur hat sie eine andere äußere Form. In diesem Belange weichen die einzelnen Ausführungsarten dem Verwendungszweck entsprechend überhaupt stark voneinander ab, obwohl sie natürlich im Prinzip völlig gleich sein müssen.

Dies ist auch bei der nachstehend beschriebenen Mischbatterie sogleich zu sehen, die sich von der soeben besprochenen eigentlich nur dadurch unterscheidet, daß sie ein eingebautes Rückschlagventil besitzt (Abb. 32). Wie bereits vorhin erwähnt, bemühen sich die Erzeugerfirmen, die Installation eines Heißwasserspeichers zu einem ganz einfachen Arbeitsfall für den Wasserleitungsinstallateur zu gestalten. Die Entwicklung der Armaturen usw. erfolgt daher in der Richtung möglichster Vereinfachung der Anschlußarbeiten dadurch, daß beispielsweise die erforderlichen

Ventile gleich in die Armatur hineinverlegt, in sie eingebaut werden, wodurch die Möglichkeit zu verschiedenen Montagefehlern, wie sie beim Rückschlag, beim Sicherheits- und Reduzierventil häufig vorkommen, überhaupt beseitigt wird. In der in Abb. 32 schematisch dargestellten Mischbatterie für drucklose Anordnung ist das außer dem Hauptabsperrventil einzig noch notwendige Rückschlagventil in die Mischbatterie eingebaut und zwar direkt vor dem Warmwasserventil. Diese Ausführung ist insbesondere auch bei dem Überlaufspeicher mit Handpumpenfüllung (siehe Abb. 12) verwendbar.

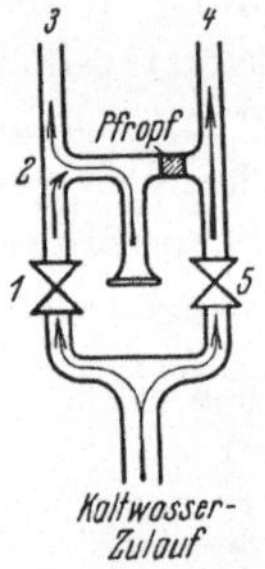

Abb. 31. Schema einer Mischbatterie für drucklose Anordnung.
*1* Absperrventil mit Aufschrift „Kalt". *2* Mischungsstelle. *3* Heißwasserablauf vom Speicher. *4* Kaltwasserzulauf zum Speicher. *5* Absperrventil mit Aufschrift „Warm".

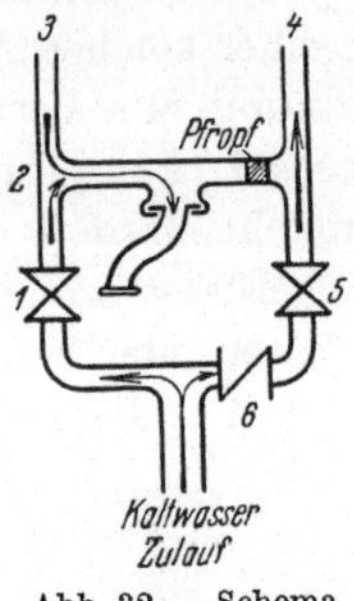


Abb. 32. Schema einer Mischbatterie für drucklose Anordnung mit eingebautem Rückschlagventil.
*1* Absperrventil mit Aufschrift „Kalt". *2* Mischungsstelle. *3* Heißwasserablauf vom Speicher. *4* Kaltwasserzulauf zum Speicher. *5* Absperrventil mit Aufschrift „Warm". *6* Rückschlagventil.

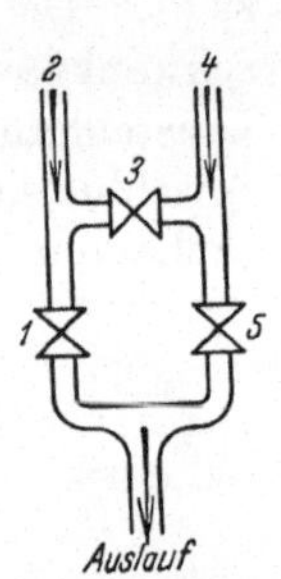


Abb. 33. Schema der Mischbatterie eines Entleerungsspeichers.
*1* Heißwasserventil. *2* Anschluß an den Speicher. *3* Füllventil. *4* Kaltwasserzulauf. *5* Kaltwasserauslaufventil.

Einen gewissen Übergang zur Druckanordnung bildet die in der Abb. 33 gezeichnete Mischbatterie für den Entleerungsspeicher. Es ist dabei natürlich gleichgültig, ob das kalte Wasser durch eine Handflügelpumpe oder durch eine Druckwasserleitung herbeigeschafft wird. Der Entleerungsspeicher selbst ist noch vollkommen drucklos installiert, die Mischbatterie ist dem Wasserleitungs- oder dem Pumpdruck ausgesetzt. In diesem Falle besteht sie aus drei Absperrventilen, die entweder in einem Metallkörper vereinigt oder durch kurze Rohr- und Abzweigstücke miteinander verbunden sind. Der Auslauf kann natürlich wieder schwenkbar gemacht und mit einem Umstellhahn für zwei Wege (z. B. Küche und Badezimmer) versehen werden. Die Wirkungsweise ist kurz folgende: Zum Füllen des Entleerungsspeichers öffnet man das Ventil *3*, während die Ventile *1* und *5* geschlossen bleiben, bis aus dem Überlaufrohr des Speichers Wasser austritt. Ventil *3* wird dann geschlossen und es beschränkt sich die weitere Manipulation auf die Ventile *1* und *5*, mit denen die Wassermischung, wie bekannt, vorgenommen wird.

Bei dem auf Seite 14 beschriebenen Bergmann-Heißwasser-Niederdruckspeicher haben wir es nicht mit einer eigentlichen Mischbatterie zu tun, sondern wird eine solche, wie bereits erwähnt, durch die Kombination eines Regulierhahnes mit einer Verbindungsleitung zwischen

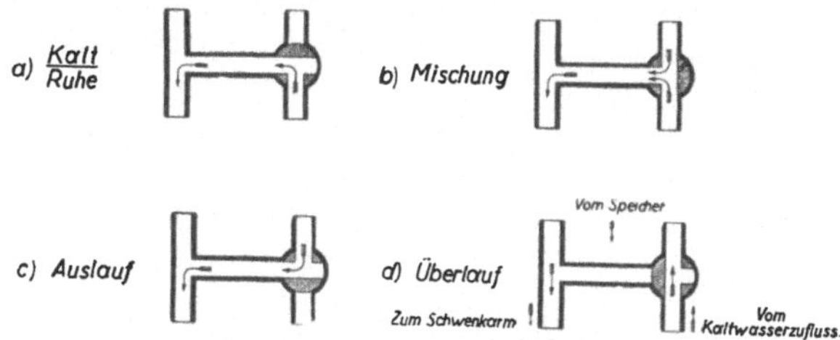


Abb. 35. Einzelne Betriebsstellungen des Umschalthahnes eines Bergmann-Heißwasser-Niederdruckspeichers.

Speicherzufluß- und Abflußrohr ersetzt, mit der auch die Funktionsart des Heißwasserspeichers als Überlauf- oder als Entleerungsspeicher gesteuert wird. Abb. 34 zeigt die ganze Anordnung der Armatur und den Schaltplan für die Betätigung des Regulierhahnes und des Kaltwasser-Absperrventiles. Ganz klar wird die Funktion schließlich noch durch die Abb. 35, welche die Stellung des Regulierhahnes und die hierdurch bedingte Wasserführung bei den verschiedenen Verwendungsarten der Armatur zeigt.

Hier fällt also die Anordnung und die Bedienung mehrerer Hähne für den Betrieb als Überlaufspeicher mit und ohne Mischbatterie oder als Auslaufspeicher, sowie für die Entnahme von kaltem Frischwasser zum Mischen oder Trinken gänzlich fort. Die Vielseitigkeit des Speichers ermöglicht entsprechend den jeweiligen Bedürfnissen seine sofortige Betriebsbereitschaft als Überlaufspeicher, als Entleerungsspeicher für feinfühlige Regelung des austretenden Mischwassers, als Entleerungsspeicher, bei Entnahme von kaltem Frisch- bzw. Trinkwasser direkt aus der Leitung, und zwar durch Drehen ein und desselben Schalthahnes, also durch einen Handgriff. Auch wird bei allen Schaltstellungen des Hahnes zum Wasserauslauf der gleiche Schwenkarm benutzt.

Gegenüber den bisher besprochenen Mischbatterien ist die Wirkungsweise bei Druckanordnung wesentlich einfacher. Die Mischbatterie hat in diesem Falle einfach je ein Ab-

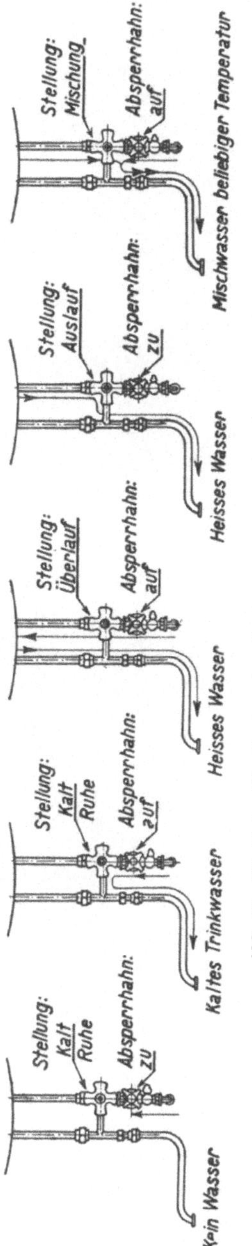


Abb. 34. Schaltplan für die Armatur des Bergmann-Heißwasser-Niederdruckspeichers.

sperrventil für das heiße und für das kalte Wasser; nach Mischung im Innern des Gußkörpers der Mischbatterie tritt das Wasser durch den

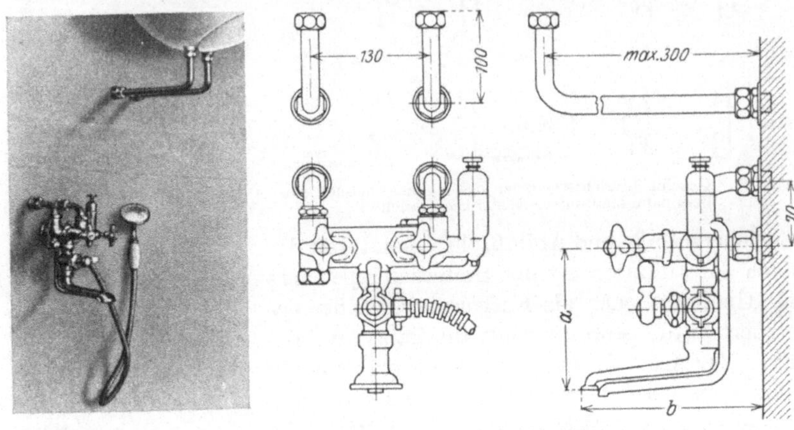


Abb. 36 a.

Abb. 36 b.

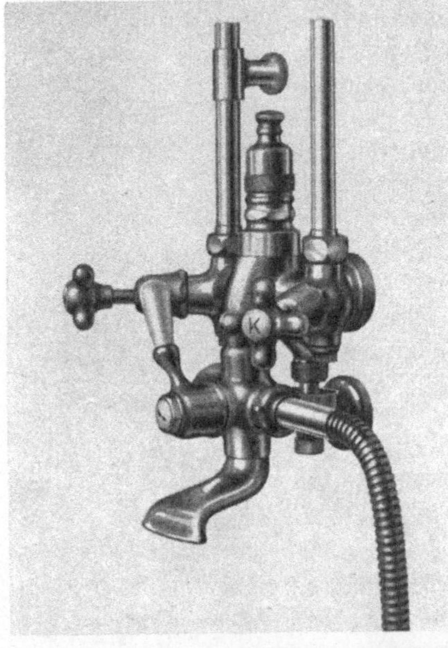


Abb. 36 c.

Abb. 36 a—c. Wannenfüllbatterie mit Kalt- und Warmwasserumstellhahn und beweglicher Handbrause. (a und b Ausführung der Elektroheizungstechnik, Wien; c Ausführung der S.S.W., Type ESA.)

Auslauf mit jeder gewünschten Temperatur aus. Der Auslauf kann natürlich wieder schwenkbar sein, kann einen Umstellhahn für eine feste oder bewegliche Brause haben, wie es bei den modernen Wannenfüllbatterien (Abb. 36) üblich ist und schließlich noch mit einem Thermometer ausgerüstet sein.

Soll in einer Küche, die Kaltwasserleitung hat, ein Heißwasserspeicher in Druckanordnung angebracht werden, so kommt hierfür sehr oft nur der Platz über dem Wandbrunnen in Betracht. Da hat es dann mit der Anbringung einer Mischbatterie (infolge der Wandplatte des Brunnens) meist Schwierigkeiten, die Montage der notwendigen Ventile (Absperr-, Rückschlag- und Sicherheitsventil) mit ihren Rohrleitungen schafft einige Unbequemlichkeiten, kurz man würde am liebsten den

Heißwasserspeicher einfach nur über den Wandbrunnen hinhängen, ihn vielleicht noch elektrisch anschließen, aber mit dem Wasserleitungsteil der Installation im übrigen gar nichts zu tun haben, sondern wünscht sich am altgewohnten Fleck (nämlich am Auslaufhahn des Wandbrunnens) das fließende Wasser, aber nicht nur kalt wie bisher, sondern eben auch noch heiß

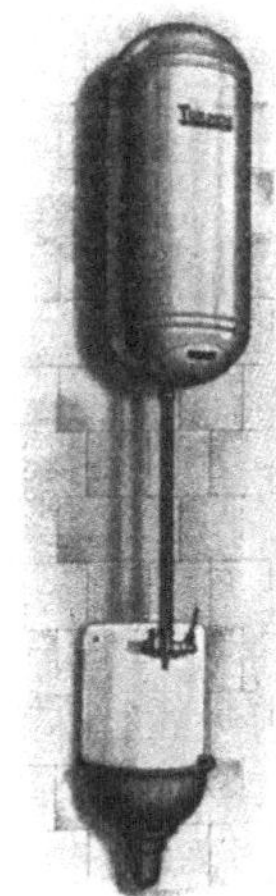

Abb. 37a.

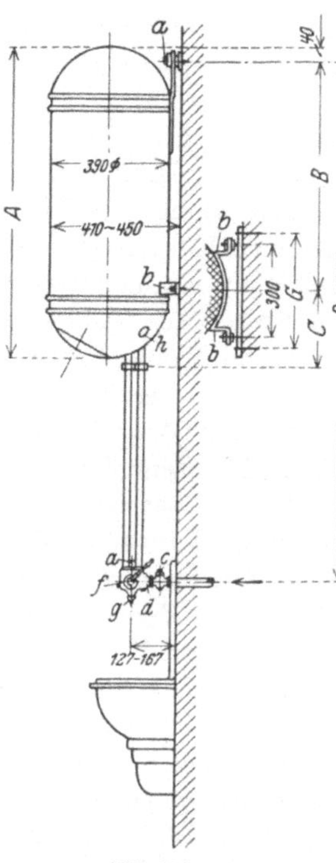


Abb. 37b.

Abb. 37a—b. Wandbrunnenmischbatterie für Einhandbedienung mit eingebautem Sicherheits- und Rückschlagventil. (Ausführung Ges. für Elektroheizungstechnik, Wien.)

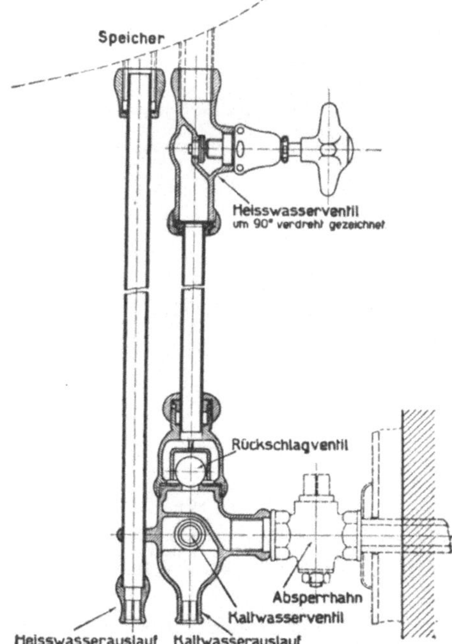


Abb. 38b.

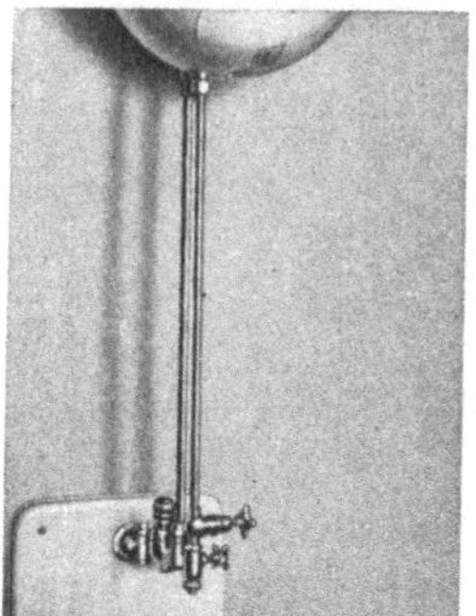

Abb. 38a.

Abb. 38a u. b. Wandbrunnenmischbatterie für drucklose Anordnung mit 2 Ventilen; a Ausführung der Elektroheizungstechnik, Wien, in Ansicht; b Schnitt durch die Batterie, Konstruktion Direktionsrat Ing. Deck der Städtischen Elektrizitätswerke der Gemeinde Wien.

und womöglich mischbar. Die Bedienung soll schließlich noch mit einer Hand allein erfolgen können, da man ja meist ein Gefäß in der Hand hat, wenn man den Wandbrunnen benützt. Ansprüche sind also ausreichend gestellt und doch ist es der Technik wieder gelungen, sie vollständig zu befriedigen. Die neue Einhand-Mischbatterie für Wandbrunnenmontage der Gesellschaft für Elektroheizungstechnik in Wien (Abb. 37) wird an Stelle des bisherigen Kaltwasserventiles am Wandbrunnen montiert. Mit dem in einer Senkrechten darüber hängenden Heißwasserspeicher wird sie mittels zweier gerader, vernickelter Rohre verbunden, dem Kaltwasserzulauf- und dem Heißwasserablaufrohr. Da diese infolge der Konstruktion der Batterie, wenn man auf die Wand hinsieht, hintereinander liegen, ist die Aufhänge-

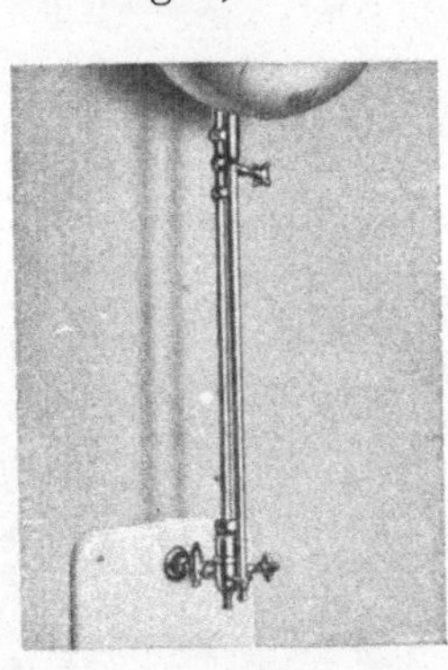

Abb. 39 a.

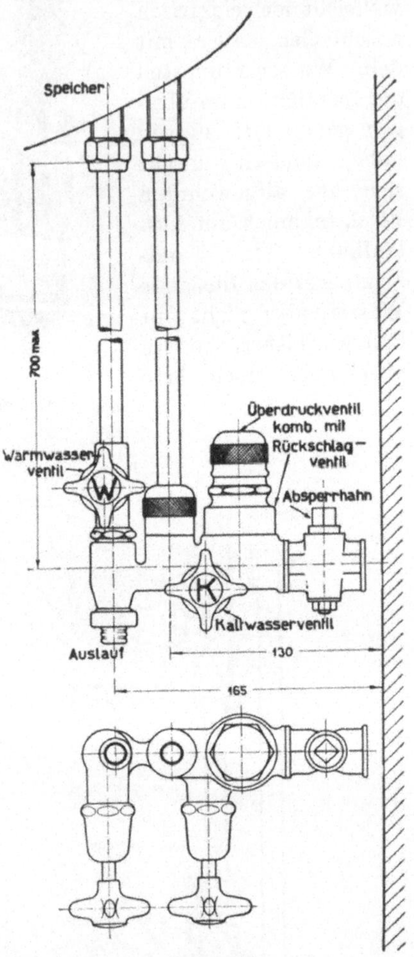


Abb. 39 b.

Abb. 39 a und b. Wandbrunnenmischbatterie mit 2 Ventilen für Druckanordnung; a Ausführung der Elektroheizungstechnik, Wien, in Ansicht; b Schnitt durch die Batterie der Städtischen Elektrizitätswerke der Gemeinde Wien, Konstruktion Direktionsrat Ing. Deck.

vorrichtung des Speichers so ausgebildet, daß es möglich ist, die Distanz des Speichers von der Wand in gewissen Grenzen zu verändern. In die Batterie bereits eingebaut ist das Sicherheits- und das Rückschlagventil, so daß tatsächlich jede Wasserleitungsmontage wegfällt und schon beinahe der Idealfall erreicht ist. Es ist nur mehr für den elektrischen Anschluß Sorge zu tragen. Die Bedienung der Batterie erfolgt mittels des in der Abb. 37 sichtbaren Knebels, also nur mit einer Hand.

Die vorerwähnten Vorteile (einfache Montage über dem Brunnen und Einhandbedienung) weisen auch die in den folgenden Abb. 38 und 39 dargestellten Wandbrunnenmischbatterien der Gesellschaft für Elektroheizungstechnik, Wien, auf, nur sind bei diesen Konstruktionen getrennte Bedienungsknebel für Kalt- und Heißwasserablaß. Bei der Wandbrunnenmischbatterie für drucklose Anordnung (Abb. 38) ist das Warm- und Kaltwasserauslaufrohr derart nahe aneinander gerückt, daß die Wasserentnahme auch mit ganz kleinen Gefäßen möglich ist. Beachtenswert ist der konstruktiv schöne Zusammenbau von Kaltwasser- und Rückschlagventil und die einfache Montage, die sich auf das Anziehen von nur drei Holländern beschränkt und jeden Montagefehler praktisch unmöglich macht.

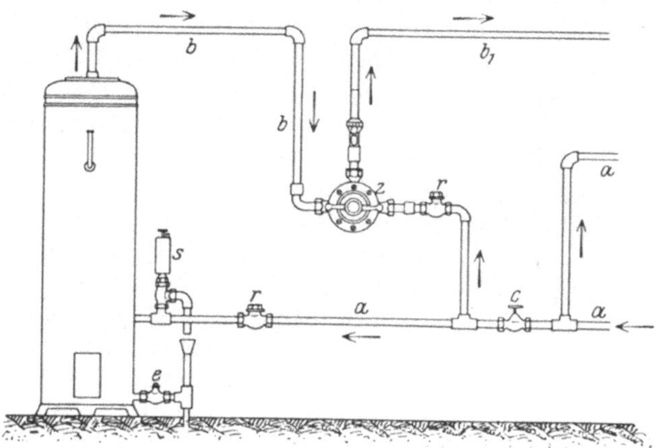


Abb. 40. Zentralmischer in Verbindung mit einem Standspeicher. *a* Kaltwasserzuleitung. *b* Heißwasserleitung. $b_1$ Warmwasserleitung. *c* Absperrventil. *e* Entleerungsventil. *r* Rückschlagventil. *s* Sicherheitsventil. *z* Zentralmischer.

Bei der Wandbrunnenmischbatterie für Druckanordnung der Städtischen Elektrizitätswerke Wien, (Abb. 39 b) ist der Auslauf von Kalt- und Heißwasser vereinigt und das Rückschlagventil mit dem Sicherheitsventil und dem Absperrventil direkt zusammengebaut, so daß auch hier die Montagearbeit auf der Anlage auf ein Minimum zusammenschrumpft, Montagefehler vermieden und ein tadelloses Aussehen der ganzen Anordnung erzielt wird.

## 4. Der Zentralmischer.

Wenn in einer Warmwasserversorgungsanlage an den einzelnen Zapfstellen niemals die volle Heißwassertemperatur benötigt wird, sondern man nur überall Mischwasser der gleichen Temperatur braucht, wie dies z. B. in Brausebädern, bei Friseuren und dergleichen der Fall ist, so wird einfach ein Zentralmischer mit Thermometer nach dem Schema der Abb. 40 eingebaut. Mit ihm kann eine einheitliche Warmwassertemperatur für alle Zapfstellen gleichzeitig eingestellt werden. Dieser Zentralmischer macht jedoch noch ein zweites Rückschlagventil erforderlich.

## 5. Ventile.

Es seien nun noch die bei der Montage von Heißwasserspeichern normal zur Verwendung gelangenden Ventile kurz besprochen:

Das gewöhnliche Absperrventil (Abb. 41) ist wohl hinlänglich bekannt, so daß sich eine Erörterung desselben erübrigt. Als Armatur findet es beim Heißwasserspeicher in schöner vernickelter Ausführung, als Hauptabsperrventil der Kaltwasserzuleitung in einfacherer Ausführung (meist in einem versperrbaren Wandkästchen) Verwendung. Führt das Kaltwasser auch nur zeitweise kleine Fremdkörper und Unreinheiten mit sich, so soll es, bevor es zu den Ventilen und zum Heißwasserspeicher gelangt, unbedingt erst ein Siebfilter (Abb. 42) durchströmen, in dem es etwas gereinigt wird. Dieses Filter kann auch mit dem Absperrventil zusammengebaut werden (Filterhahn). Selbstverständlich muß das Filter von Zeit zu Zeit nachgesehen und gereinigt werden. Der Filterhahn ist ganz zu öffnen und soll nicht als Regulierventil verwendet werden, weil der lose Ventilkegel in Zwischenstellungen oft lästige Geräusche verursacht.

Abb. 41. Absperrventil.

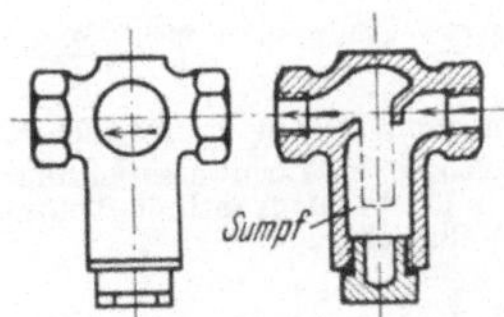


Abb. 42. Siebfilter.

Das Druckreduzierventil hat die Aufgabe, den Wasserleitungsdruck, wenn er für den Speicher unzulässig hoch ist, auf ein Maß herabzusetzen, das den Heißwasserspeicher in keiner Weise mehr gefährdet; bei Druckspeichern in Druckanordnung, von denen wir hier natürlich sprechen, also z. B. von 11 at auf 5 oder 6 at. Abb. 43 zeigt ein solches Reduzierventil im Schnitt. Das Prinzip ist folgendes:

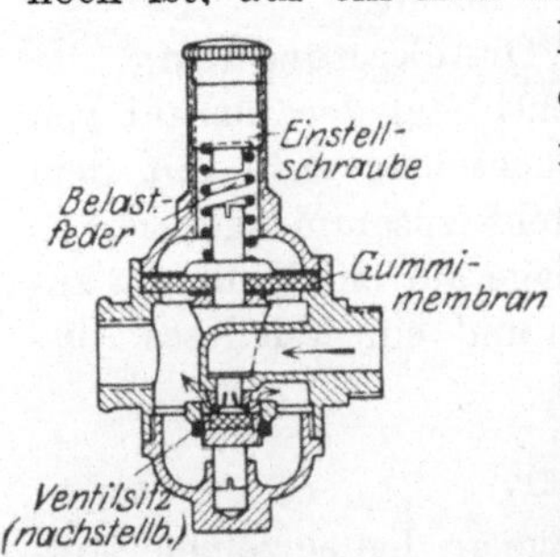


Abb. 43. Druckreduzierventil im Schnitt.

Von der Einströmseite des Ventiles, in der Abbildung rechts, dringt das Wasser durch den Ventilsitz solange hindurch, bis der Druck auf der Abströmseite und damit unter der Gummimembrane so hoch gestiegen ist, daß die Kraft der Einstellfeder überwunden wird, wodurch das Ventil auf den Ventilsitz gepreßt und die Wasserströmung unterbrochen wird. Erst nach Ablauf des Wassers auf der Ausströmseite des Ventiles überwiegt wieder die Kraft der Belastungsfeder, das Ventil öffnet sich und läßt Wasser hindurchtreten. Der Ausströmdruck kann durch verschiedene Anspannung der Belastungsfeder mit Hilfe der Einstellschraube in gewissen Grenzen einreguliert werden.

Die Einstellung des Druckes auf der Ausströmseite wird mit einem Manometer auf der Anlage vorgenommen.

Ein Druckreduzierventil drosselt ferner die für den Heißwasserspeicher schädlichen Wasserschläge ab, wie sie besonders in größeren Wasserleitungsnetzen bisweilen vorkommen. Aus der Konstruktion

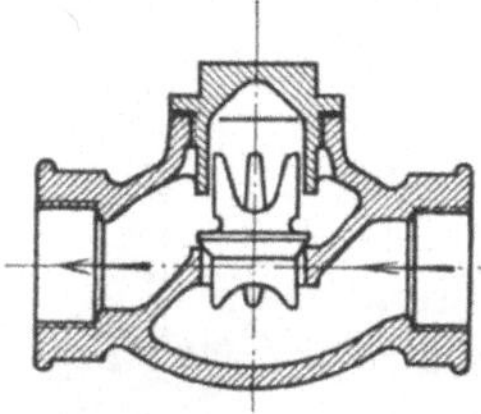

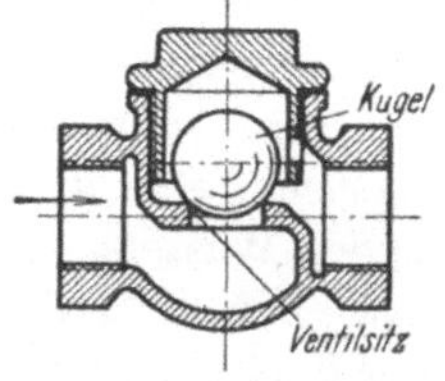


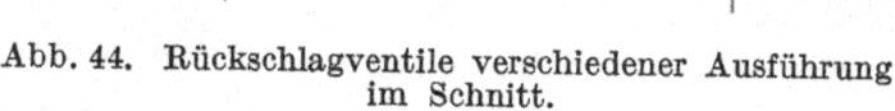
Abb. 44. Rückschlagventile verschiedener Ausführung im Schnitt.

Abb. 45. Rückschlagventil in Ansicht.

geht auch ohne weiteres hervor, daß dieses Druckreduzierventil gleichzeitig als Rückschlagventil funktioniert, so daß ein solches erspart werden kann.

Das Rückschlagventil (Abb. 44—47) läßt, wie bereits erörtert, das Wasser nur in einer Richtung durchströmen und ist daher geeignet, das Zurücktreten heißen Wassers aus dem Speicher in die Kaltwasserzuleitung oder auch schon die Ausbildung kleinerer Strömungen in dieser zu verhindern. Als sperrendes Organ findet meist eine Kugel bzw. ein entsprechend geführter Teil einer solchen oder ein Ventilteller Verwendung. Da man es dem Rückschlagventil vielfach nicht von außen ansieht, welche Strömungsrichtung es sperrt, gibt ein Pfeil auf seiner Außenseite die Richtung des freien Durchflusses an. Außerdem muß das Rückschlagventil immer in horizontaler Lage und nicht auf dem Kopfe stehend montiert werden, sonst kann sich die Kugel oder der Rückschlagteller nicht schließen. Auf richtige Montage ist also genauest zu achten.

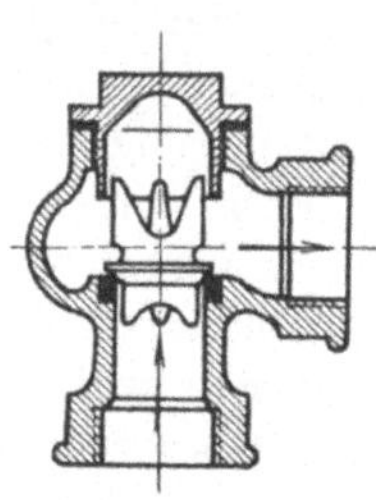
Abb. 46. Eckrückschlagventil im Schnitt.

Abb. 47. Eckrückschlagventil in Ansicht, jedoch mit Flanschenverbindung für größere Rohrdurchmesser.

Das Sicherheitsventil schließlich hat darüber zu wachen, daß im Heißwasserspeicher bei Druckanordnung keinerlei unzulässige Drucksteigerungen auftreten. Fehlt dieses Ventil oder funktioniert es mangelhaft, so ist der Speicher gefährdet und kann unter Umständen Risse bekommen, denn sein Wasserinhalt ist auf der Heißwasserseite durch das Absperrventil an den Zapfstellen, auf der Kaltwasserzulaufseite durch das Rückschlagventil starr abgeschlossen und findet keine Ausdehnungsmöglichkeit. Solche Drucksteigerungen können verschiedene Ursachen haben, z. B. Nichtfunktionieren des Reduzierventiles oder zu hohe Einstellung desselben, Wasserschläge oder sonstige Drucksteigerungen in der Kaltwasserzuleitung, Dampfbildung im Speicher infolge Nichtfunktionierens des Temperaturschalters oder Reglers, vor allem jedoch die bei jedem Aufheizen auftretende ganz normale Ausdehnung des Wassers. Da Wasser so gut wie unzusammendrückbar ist, genügt bei einem vollständig angefüllten Speicher eine geringe Ausdehnung des Wassers, um bereits sehr hohe Drücke zu erzeugen, denen der Speicherkessel nicht gewachsen sein kann. Die Erwärmung des Wasserinhaltes von 20° C auf 85° C ist mit einer Ausdehnung von rund drei Volumprozenten verbunden (siehe Landolt-Börnstein, phys.-chem. Tabellen), die bei einem absolut starrem Kesselkörper eine Drucksteigerung auf rund 750 at zur Folge hätte. Aber selbst unter Berücksichtigung der Ausdehnung des Speicherkessels bei einer Temperatursteigerung von 65° C, die elastischen Dehnungen nicht berücksichtigt, ergibt sich eine Drucksteigerung von rund 690 at. Es muß daher ein Organ vorgesehen werden, das den im Speicherkessel normal herrschenden Betriebsdruck ohne weiteres verträgt und aufrecht erhält, das aber bei einer Steigerung dieses Druckes um etwa 0,5 bis 1 at einen Ausgleich dieses Überdruckes gegen außen ermöglicht. Dieses Organ ist das Sicherheitsventil, dessen Wirkungsweise aus Abb. 48 hervorgeht. Es wird auf einem T-Stück in der Kaltwasserzuleitung unmittelbar vor dem Speicher, also zwischen Rückschlagventil und Speicher montiert und bildet so eine Art Abzweig der Kaltwasserleitung. Bei manchen Konstruktionen ist dieses T-Stück mit dem Sicherheitsventil schon zusammengebaut. Es ist natürlich auch möglich und keineswegs falsch, das Sicherheitsventil in den Heißwasserablauf direkt hinter dem Heißwasserspeicher einzubauen. Von dieser Anordnung ist jedoch abzuraten, da sich auf der Heißwasserseite bekanntlich die Abscheidung von Kesselstein usw. vollzieht, was für das Sicherheitsventil begreiflicherweise sehr nachteilig ist und bald seine so äußerst wichtige Funktion stört. Der Ablauf vom

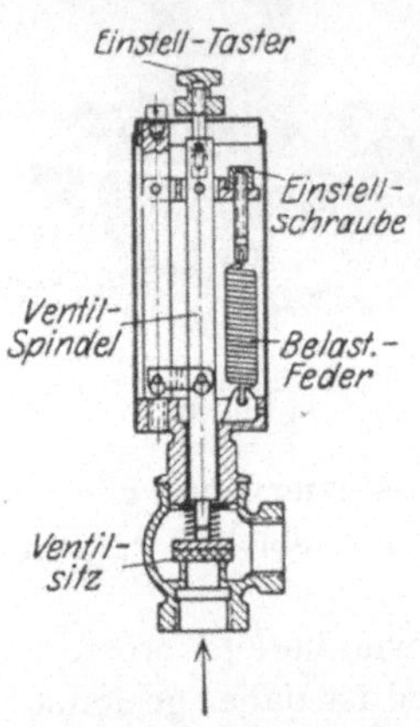

Abb. 48. Sicherheitsventil im Schnitt. (Eckausführung.)

Abb. 49. Sicherheitsventil in Ansicht. (Durchgangsausführung.)

Sicherheitsventil soll sichtbar in einen kleinen Trichter erfolgen, der mit der Entleerungsleitung des Speichers verbunden ist.

Da der genaue Wasserdruck bei der Lieferung zumeist unbekannt ist, muß das Sicherheitsventil nach erfolgter Montage auf den richtigen Druck eingestellt werden, derart, daß es bei einem Druck von etwa 0,5 at über dem Wasserleitungsdruck tropfenweise abläßt.

Ist kein Manometer zur Einstellung vorhanden, dann wird das Sicherheitsventil so eingestellt, daß es beim herrschenden Wasserdruck leicht tropft. Vor zu starkem Anziehen der Belastungsfeder wird gewarnt. Eine geringe Undichtigkeit des Sicherheitsventiles ist belanglos.

Die Einstellung erfolgt durch Spannen oder Entspannen der Belastungsfeder mit Hilfe der Sechskantmutter unter der Schutzkappe. Die Schutzkappe wird nach Lösen der kleinen Befestigungsschraube und der Knopfschraube abgenommen. Der U-Bügel unter der Knopfschraube ist nach erfolgter Einstellung zu entfernen. Durch Heben der Ventilspindel an der Knopfschraube von Hand kann aus dem Sicherheitsventil Wasser zur Kontrolle abgelassen werden.

Bei einer jüngst von Siemens-Schuckert herausgebrachten Konstruktion kann die richtige Funktion des Sicherheitsventiles durch Drücken eines, in der Deckkappe eingebauten Prüfknopfes kontrolliert werden.

Während der Aufheizzeit des Heißwasserspeichers muß das Sicherheitsventil tropfen, da sich das Wasser im Speicher infolge der Erwärmung ausdehnt und ein Zurücktreten in die Kaltwasserzuleitung durch das Rückschlagventil unmöglich ist.

Dieses Tropfen ist daher sogar eine Kontrolle für richtiges Funktionieren des Sicherheits- und des Rückschlagventiles.

# V. Aufstellungsort für einen Heißwasserspeicher, seine Montage und die Ausführung sowie Wärmeisolierung der Heißwasserleitung.

Ganz allgemein ist zu sagen: Ein elektrischer Heißwasserspeicher kann überall angebracht werden, wo er Platz hat. Zunächst kommt dafür die Küche, das Badezimmer, der Arbeitsraum (Ordinationszimmer, Laboratorium u. dgl.) oder der Keller in Betracht. Diese außerordentlich bequeme Unterbringungsmöglichkeit ist nur dadurch gegeben, daß der Apparat vollkommen geräusch- und geruchlos arbeitet, keinerlei Verunreinigung und Erhitzung seiner Umgebung verursacht und jede Feuers- und Explosionsgefahr bei richtiger Montage vollkommen ausschließt.

Der äußersten Raumausnützung, wie sie heute oftmals nötig wird, wird dadurch Rechnung getragen, daß Heißwasserspeicher bis zu 150 Liter Inhalt als Wandapparate hergestellt werden. Diese Typen werden auf einer einzumauernden Aufhängevorrichtung befestigt, die mitgeliefert wird. Im Falle, daß die Mauer jedoch nicht genügend tragfähig ist, kann eine Versteifung durch zwei vertikale Flachschienen erfolgen oder man versieht die größeren Wandspeicher mit zwei Stützfüßen, die unter Angabe der nötigen Höhe gesondert bei der liefernden Firma bestellt werden müssen. Wegen des großen Gewichtes des Speichers im gefüllten Zustand muß der Installateur vor Montage jedenfalls die betreffende Wand erst auf ihre Tragfähigkeit untersuchen, um vor nachträglichen unangenehmen Überraschungen gesichert zu sein. Das Gewicht der Speicher wird öfters unterschätzt. Es setzt sich zusammen aus dem Eigengewicht des Apparates, das aus den Listen oder durch Anfrage bei der liefernden Firma zu ermitteln ist (s. S. 60, 61 u. 63) und aus dem Gewicht der Wasserfüllung (das sind soviel Kilogramm als der Speicher Liter Inhalt hat), welch letzteres trotz der Selbstverständlichkeit bisweilen vergessen wird.

Die Wandapparate haben — von Entleerungsspeichern natürlich abgesehen — von vorne gegen die Wand gesehen, meistens den Kaltwasseranschluß rechts, den Heißwasserablauf links. Beide sind immer durch einen Flansch von unten in den Speicher eingeführt. Eine eigene Entleerungsmöglichkeit ist gewöhnlich nicht vorgesehen, sondern es wird direkt vor dem Eintritt des Kaltwasserzulaufes in den Speicher ein Abzweig mit einem Entleerungshahn (für Steckschlüssel) installiert (wie beim Entleerungsspeicher Abb. 11). An diesem Flansch ist außer dem Heizkörper auch der automatische Temperaturschalter mit den Quecksilberkippschaltern montiert. Das ganze ist durch einen Blechkragen geschützt oder besser noch durch eine Kappe vollständig abgedeckt (Abb. 50).

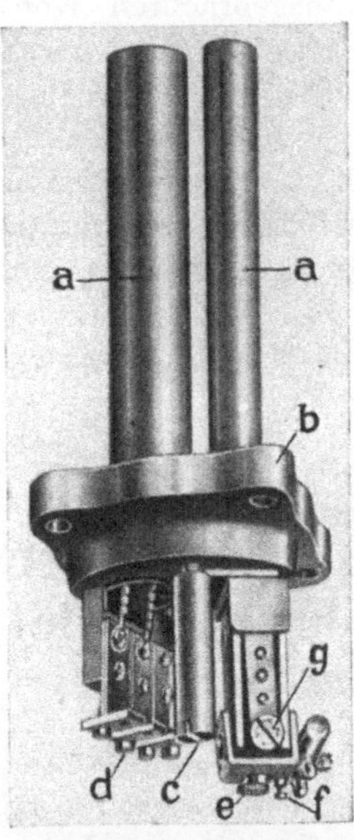

Abb. 50. Flansch mit Heizelement, Temperaturregler und Anschlußklemmen.

Bei der gezeichneten Konstruktion befindet sich in dem linken breiteren Rohr *a* das Heizelement, das aus 1—3 Wicklungen besteht, die an den Klemmen *d* nach Bedarf geschaltet werden können. Das rechte, engere Rohr nimmt den Ausdehnungsstab des Temperaturreglers auf, der im unterhalb des Flansches liegenden Teile den Quecksilberschalter betätigt. Mit der randrierten Schraube *e* kann die richtige Einstellung der Kipperlage, mit der nebenan vorstehenden Schraube *f* die Begrenzung der Kipperlage vorgenommen werden. Die seitliche Schraube *g* bewirkt die Temperatureinstellung, und zwar entspricht einer vollen Umdrehung dieser Schraube eine Temperaturänderung von etwa 7° C. Die Abmontierung des ganzen abgebildeten Flansches ist bei der Konstruktion der Elektroheizungstechnik also in denkbar einfachster Weise durch Lösen der Schraube *c* möglich.

Wandspeicher kann man, ohne an der bisher benützten Bodenfläche das geringste zu verlieren, überall anbringen, wo das zur Füllung auf irgendeine Art nötige Wasser und der elektrische Anschluß zu erreichen ist. Aus im folgenden noch zu erörternden Gründen findet man sie meist in möglichster Nähe der Hauptverbrauchsstelle für das heiße Wasser, also z. B. in der Küche über dem Spültisch oder über dem Wandbrunnen, im Badezimmer über dem Fußende der Wanne, im Schlafzimmer oder im Arbeitsraum (Ordinationszimmer) über dem Waschtisch usw. Wandspeicher werden von den Lieferfirmen schon fertig zusammengebaut versendet.

Von mehr als 100 Liter Nutzinhalt angefangen, jedenfalls aber ab 150 Liter, werden Heißwasserspeicher auch bereits normal als Standspeicher hergestellt. Ihrer Verwendung entsprechend finden sie als Haushalt- oder Badespeicher ihren Platz entweder im Badezimmer selbst oder sonst in irgendeiner Nische der Wohnung (Abb. 51). Zur zentralen Versorgung einer größeren Warmwasseranlage, z. B. für eine Villa oder für gewerbliche Zwecke erweist sich vielfach der Keller als zweckmäßiger Aufstellungsort, da dort die Anschlüsse für Strom, Wasser und Ablauf meist am einfachsten herzustellen sind. Seiner bereits erwähnten Vorzüge halber kann der Heißwasserspeicher ohne weiteres einfach in der Wohnung oder im Badezimmer auf den Boden gestellt werden. Um jedoch das Eindrücken der Füße oder des Randes in den (Parkett-) Boden zu vermeiden und auch für den Fall des Auftretens von Tropfwasser an einer Dichtungsstelle jede Vorsichtsmaßregel zu treffen, empfiehlt es sich, den Heißwasserspeicher in eine Art Tasse oder Schale zu stellen, die man ebenso wie den Entleerungsstutzen mit dem Ablauf verbindet. Auch bei den Standspeichern ist es, besonders wenn sie in einer Stockwerkswohnung aufgestellt werden,

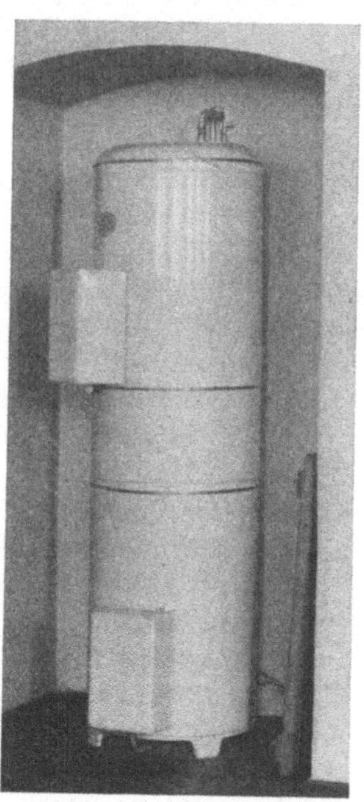

Abb. 51. Standspeicher in einer Mauernische.

angezeigt, etwas auf ihr Gewicht zu achten und ihnen gegebenenfalls durch eine kleine Betonplatte mit Eiseneinlagen eine solidere Fundierung zu geben.

Alle Standapparate werden frei aufgestellt, und zwar derart, daß man ohne Schwierigkeit an ihre Vorderseite heran kann. An dieser befinden sich nämlich die Anschlüsse für den Heizkörper, und zwar immer unten; nur beim Speicher mit Zusatzheizung und beim Sparboiler ist in Zweidrittel der Höhe noch der Zusatz- oder Sparheizkörper angeordnet. Schließlich befindet sich an der Vorderseite noch der Temperaturregler, der entweder mit den Heizkörpern zusammen in einen Flansch eingebaut ist oder eine eigene Öffnung im Kesselmantel erhält. Seine Kontakte oder die Quecksilberkipper des Temperaturschalters liegen ebenso wie die Anschlüsse der Heizkörper unter einer Schutzkappe aus Blech. Um diese abnehmen und an die genannten Teile heran zu können, muß der Standspeicher eben so aufgestellt werden, daß seine Vorderseite frei zugänglich und nicht etwa der Mauer oder der Badewanne zugekehrt ist.

Wie die Anschlußstutzen für die Kalt- und die Heißwasserleitung an den Standapparaten angeordnet sind, ist je nach den Fabrikaten leider noch ziemlich verschieden. Die Heißwasserspeicher, die den Heißwasseranschluß am oberen Deckel tragen, haben den Kaltwasseranschluß seitlich in der halben Höhe des Speichers oder etwas darunter und besitzen unten einen eigenen Entleerungsstutzen. Ist jedoch der Kaltwasseranschluß ganz unten angeordnet, wobei er dann natürlich auch gleich zur Entleerung dient, so befindet sich der Heißwasserstutzen meist seitlich in halber Höhe des Speichers. Das Prinzip, wonach das kalte Wasser nur am Boden des Speichers zuströmen darf und das Heißwasser am höchsten Punkt des Kessels zu entnehmen ist, bleibt natürlich bei jeder Ausführungsart gewahrt und führt entweder innerhalb der wärmeisolierenden Masse oder im Speicherkessel selbst ein Rohr — im ersten Falle vom Kaltwasserstutzen zum Boden, im zweiten vom höchsten Punkte des Kessels zum Heißwasserstutzen — herab. Die Maße des Gasgewindes an den Anschlußstutzen sind bei den einzelnen Lieferfirmen auch für die gleiche Speichergröße oftmals verschieden. Im Interesse der Verlegung einer richtig dimensionierten Kalt- und Heißwasserleitung für den Heißwasserspeicher ist es daher angezeigt, sich schon bei der Bestellung des Speichers entweder aus der Preisliste oder durch Rückfrage beim Lieferanten selbst diesbezüglich Klarheit zu verschaffen, denn die Verwendung von Reduktionsmuffen oder -nippel vermeidet man womöglich. Eine Ausnahme davon bildet die Anlage mit Hochbehälter, die infolge des geringen Wasserdruckes größere Rohrquerschnitte als normal erfordert.

Bei Herstellung der Wasserleitungsanschlüsse an die Apparatestutzen sind Verspannungen derselben strengstens zu vermeiden; sie rufen Undichtheiten hervor. Besonders beim Heißwasserauslauf darf eine solche nicht auftreten, da sonst infolge seiner höheren Lage schließlich die ganze Wärmeisolation des Speichers naß wird.

Soll an einem Badespeicher selbst — gleichgültig ob in druckloser oder in Druckanordnung — eine Mischbatterie montiert werden, aus welcher das Wasser direkt in die Wanne läuft, so darf man nicht vergessen, der liefernden Firma schon bei der Bestellung anzugeben, ob der Speicher in der Art *A* oder *B* der Abb. 52 aufgestellt werden soll.

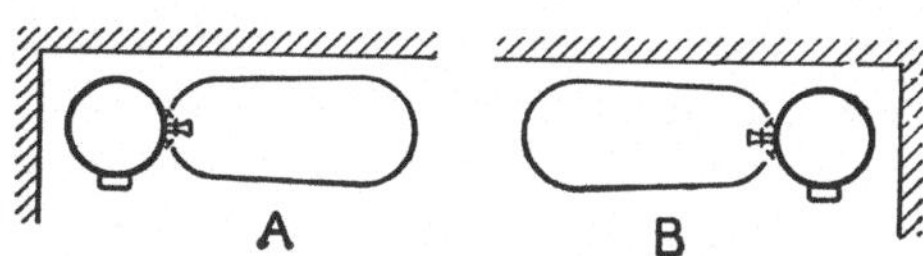

Abb. 52. Relative Lage des Speichers und der Mischbatterie zur Wanne.

Eingebaute Thermometer findet man erst bei etwas größeren Heißwasserspeichern, ungefähr von 100—120 Liter aufwärts, und zwar hauptsächlich bei den Standspeichern. Thermometer für kleinere Speicher haben keinen Zweck, denn sie zeigen die Temperatur des Wassers nur in ihrer nächsten Umgebung an. Die Wassertemperatur am Auslauf kann also eine ganz andere sein, als die des übrigen Inhaltes. Der Einbau eines Thermometers verteuert also höchstens den kleineren Heißwasserspeicher, ohne daß dadurch die Sicherheit erhöht wird oder vielleicht mehr Strom gespart werden könnte. Bei größeren Speichern dagegen hat das Thermometer doch als Kontrollinstrument beim Aufheizen des Speicherinhaltes eine gewisse Berechtigung, zumal die Mehrkosten dafür kaum ins Gewicht fallen. Aber auch hier stimmt die abgelesene Temperatur kaum jemals mit der mittleren Wassertemperatur des Speicherinhaltes überein. Keinesfalls können jedoch aus der Anzeige des Thermometers Schlüsse auf die Menge des noch im Speicher vorhandenen Heißwassers gezogen werden.

Trotz seiner Einfachheit und Betriebssicherheit muß auch ein Heißwasserspeicher zwar äußerst selten, aber doch hier und da einmal nachgesehen werden. Zunächst etwa 2—3 Tage nach seiner Inbetriebnahme, wobei die Flanschschrauben der Heizkörper und auch alle äußeren Rohranschlüsse im warmen Zustande nachgezogen werden sollen, um Undichtheiten zu vermeiden. Die normale Revision des Heißwasserspeichers, bei der der Heizkörper herausgenommen und vom anhaftenden Kesselstein gereinigt wird, soll jährlich einmal, bei stärker kalkhaltigem Wasser auch öfters, durchgeführt werden. Eine Reinigung der Kesselwand von Ablagerungen erweist sich kaum als nötig, da die Niederschläge aus dem Wasser nur an den heißen Stellen, also vor allem am Heizkörper erfolgen. Dieser muß also von Zeit zu Zeit von diesen Krusten befreit werden. Da Kesselstein kein guter Wärmeleiter ist, somit die Wärmeabgabe des Heizkörpers an das Wasser stark beeinträchtigt, besteht die Gefahr mangelhafter Wärmeableitung an das Wasser und somit der Überhitzung und des Durchbrennens der Heizspirale.

Die Heizpatrone selbst und der Thermoregler können bei allen bekannteren Fabrikaten ohne weiteres bei gefülltem Heißwasserspeicher herausgenommen werden, da sie in Taschen oder Röhren eingeschoben sind.

Bei der Aufstellung eines Heißwasserspeichers ist weiter auch auf seine Dimensionen zu achten. Sie sind ebenfalls aus den Listen der Lieferfirmen zu entnehmen und man wird auf diese Weise unangenehme Überraschungen vermeiden können, wie sie schon öfters bei der Montage eines Speichers dadurch aufgetreten sind, daß man um eine Ecke in einem Gang oder auf einer Stiege nicht herum konnte, durch eine Tür nicht durchkam usw. Es kommt dies natürlich nur bei größeren Speichern in Betracht und die Lieferfirmen tragen solchen Möglichkeiten meist dadurch Rechnung, daß sie von einer gewissen Speichergröße, die jede Firma genau angibt, angefangen, die Speicher zerlegt zum Versand bringt. Nach Aufstellung wird der Kessel dann erst an Ort und Stelle mit der Wärmeisolation umgeben.

Als Anhaltspunkt für die Bemessung der Heißwasserleitungen kann die Gepflogenheit dienen, nach welcher man für Küche und Toiletten $^1/_4$—$^3/_8$—$^1/_2$ Zoll, für das Bad $^1/_2$—$^3/_4$—1 Zoll Gasrohre verwendet, je nach Wasserdruck und Länge der Rohrleitungen und den bei den Verbrauchsstellen beanspruchten Wasserquantitäten. Bezüglich der Rohrinstallation für die Kaltwasserzuleitung zum Heißwasserspeicher kann allgemein gesagt werden, daß man für Speicher bis zu etwa 300 Liter Inhalt mit $^1/_2$—$^3/_4$ Zoll, bis zu 600 Liter mit $^3/_4$ Zoll und 1000 Liter und mehr mit 1 Zoll Gasrohren das Auslangen findet. Beim Anschluß eines Heißwasserspeichers an einen Hochbehälter (Schwimmergefäß) sind diese Rohrdurchmesser des geringeren Druckes wegen alle etwas größer zu wählen (siehe S. 21).

Die soeben angegebenen Richtlinien für die Dimensionierung der Heißwasserleitungen führen nun direkt zur Behandlung der Wärmeverluste in diesen. Bekanntlich sind nämlich diese Verluste direkt abhängig von der Größe der Oberfläche der Heißwasserleitungen, somit also von deren Durchmesser. Der Heißwasserspeicher selbst hat natürlich auch Wärmeverluste (siehe S. 5); sie sind jedoch, wie bereits erwähnt, infolge der vorzüglichen Wärmeisolation des Apparates derartig gering, daß sie nicht weiter besprochen zu werden brauchen. Erfahrungsgemäß verursachen die an den Heißwasserspeicher angeschlossenen Rohrleitungen in den meisten Fällen weit größere Wärmeverluste als der Speicher selbst. Ihrer Anordnung und Ausführung ist daher besonderes Augenmerk zu schenken.

Allgemein setzen sich solche Wärmeverluste zusammen aus den Verlusten durch Wärmeübergang oder durch Wärmestrahlung. Von den Verlusten durch spezifische Wärme sei ihrer Geringfügigkeit halber hier abgesehen.

Am Heißwasserspeicher selbst, von dem man, sei er nun an der Wand oder freistehend aufgestellt, wohl nicht sagen kann, daß er in direkter ausgedehnter Berührung mit anderen festen Körpern stehe, treten wohl auch bei strenger physikalischer Auffassung nur Verluste durch Strahlung und Konvektion ein. Durch die Wärmeisolation des Speichers sind sie bereits auf das denkbar geringste Maß gebracht. Man wird in dieser Hinsicht bei der Aufstellung des Boilers nur darauf achten, daß nicht ständig kalte Luft (Zugluft) an ihm vorüberstreicht. Bei den Heißwasserleitungen jedoch werden, je nachdem, ob sie in der Mauer oder frei verlegt sind, die Verluste durch Wärmeübergang oder die durch Strahlung und Wärmeübergang (Ableitung) die ausschlaggebendsten sein, und hier kann durch die Anordnung und Ausführung ein wesentlicher Einfluß auf ihre Größe und damit auf die Wirtschaftlichkeit der ganzen Heißwasserspeicheranlage genommen werden.

Wie bereits vorhin erwähnt, sind alle diese Wärmeverluste direkt abhängig von der Größe der Oberfläche des warmen Körpers, hier also der Rohrleitung. Um sie möglichst klein zu halten, wird man also zunächst die Heißwasserleitungen vom Boiler zu den einzelnen Zapfstellen möglichst kurz machen und außerdem ihren Durchmesser nur so groß wählen, wie er zur Entnahme des geforderten Wasserquantums innerhalb einer bestimmten Zeit (Liter pro Sekunde oder Minute) bei dem vom Speicher her wirkenden Wasserdruck wirklich notwendig ist. (Siehe die vorhin bezüglich Rohrdimensionierung gegebenen Anhaltspunkte.) Außer der Oberfläche ist für die Wärmeverluste aber auch der Temperaturunterschied ausschlaggebend, der zwischen dem warmen Körper und dem ihn umgebenden Medium herrscht, im gegenständlichen Falle also zwischen Heißwasserleitungsrohr und der umgebenden Luft oder Mauerwerk. Je größer die Temperaturdifferenz, desto größer sind natürlich auch die Wärmeverluste. Man wird also darnach trachten, daß zwischen der Heißwasserrohrleitung und der sie umgebenden Luft oder dem Mauerwerk nur ein möglichst geringer Temperaturunterschied besteht, um die Wärmeverluste möglichst niedrig zu halten. Man wird die Heißwasserleitungen daher möglichst nicht in die Außenmauern, die kälter sind, verlegen. Der Wärmeverlust läßt sich bei den Rohrleitungen, die ja fast immer aus Metall, also einem guten Wärmeleiter bestehen, dadurch vermindern, daß man sie rundherum mit einer wärmeisolierenden Schicht von einer gewissen Stärke umhüllt. Infolge ihrer schlechten Wärmeleitung bleibt diese Umhüllung außen fast ganz kalt, während sie im Innern das Heißwasserrohr mit etwa 85grädigem Wasser führt.

Solcher Wärmeisolierungen gibt es eine ganze Menge, die alle natürlich eine möglichst niedere Wärmeleitzahl anstreben (Die Wärmeleitzahl in WE/m—st—° C gibt an, welche Wärmemenge stündlich durch 1 $m^2$ Fläche des Stoffes zu einer anderen im Abstande von 1 m befindlichen Fläche übergeht, wenn der Temperaturunterschied zwischen den beiden Flächen 1° C beträgt. Hier kommen Wärmeleitzahlen von = 0,03 aufwärts in Betracht.) Ausschlaggebend für die Wahl des Materiales der Wärmeisolierung ist vor allem die höchste Temperatur der zu isolierenden Fläche. Da wir es mit Rohrleitungen zu tun haben, die Wasser von höchstens 90—100° C führen, sind hier noch die Textilien als Isoliermaterial durchaus brauchbar. Es seien genannt: Filzstreifen, Jute- und Seidenzöpfe; für höhere Temperaturen als 100° C dann auch noch: Korkstein in Schalen- und Segmentform, Kieselgur, Magnesia-Isoliermasse, Thermalit und Thermalitschrott, Asbest und eventuell Zellenbeton. Will man nur eine einfache und billige Wärmeisolation einer wenig ausgedehnten Heißwasserleitung vornehmen, so findet man mit Filzstreifen noch das Auslangen, die allerdings nicht nur einfach, sondern in zwei bis drei Lagen auf die Rohrleitungen aufzuwickeln sind, wobei der Streifen immer die Stoßstellen der vorhergehenden Lage zu überdecken hat. Zieht man über das Ganze dann noch Gaze, die es zusammenhält und streicht sie mit Ölfarbe oder dergleichen, so erhält man eine ganz gute und nett aussehende Isolierung. Jute- und Seidenzöpfe sind qualitativ besser, aber auch etwas teurer. Die billigste Wärmeisolierung ist die gewöhnliche Kieselgurisolierung; die Rohrleitungen müssen jedoch dauernd warm sein, während sie aufgebracht wird. Da dies während der Montage aber meistens nicht möglich ist, verwendet man insbesondere bei größeren Rohrleitungen meist Korksteinschalen oder -segmente. Die hochwertigste Isolierung, die allerdings auch ziemlich teuer ist, finden wir in der Magnesia-Isoliermasse bzw. im Thermalit.

Eine Wärmeisolierung der Heißwasserleitungen soll also zunächst in Kellerräumen sowie an Stellen erfolgen, die dem Luftzug ausgesetzt sind. In feuchten Räumen hingegen unterbleibt sie besser, weil sie, auch wenn ein schützender Anstrich aufgetragen wird, leicht Feuchtigkeit aufnimmt und wenn sie durchnäßt ist, die Abkühlung der Leitungen vergrößert.

Es sollte grundsätzlich auch bei kleinen Heißwasserspeicheranlagen im Haushalt beim Entwurfe eine Untersuchung erfolgen, welchen Einfluß die Wärmeverluste in den Warmwasserleitungen auf die Wirtschaftlichkeit der ganzen Anlage haben können. Man wird sogleich sehen, um wieviel besser der Nutzeffekt der Anlage wird, wenn man nur möglichst kurze Heißwasserleitungen verwendet und ihren Durchmesser nicht größer wählt als unbedingt nötig. Doch können die Wärmeverluste in gewissen Rohrleitungen auch dann noch so groß sein, daß eine Wärmeisolation dieser Leitungen vorgesehen werden muß. Wird beispielsweise das Boilerwasser zwar oftmals am Tage, aber immer nur in kleineren Mengen benützt, wie dies in Küche und Toilette der Fall ist, so kühlt das Wasser in der Rohrleitung zwischen zwei Heißwasserentnahmen immer aus, man heizt damit die umgebende Luft oder die Mauer, und diese Wärmemenge ist jedesmal völlig verloren, wenn man die Rohrleitungen nicht isoliert. (Je kleiner diese Rohrleitungen im Durchmesser sind, desto geringer ist die kalte Wassermenge, die zuerst abgezapft werden muß, bis der Wasserstrahl warm läuft.) Ein Zahlenbeispiel möge dies illustrieren:

In einem Badezimmer stehe ein 120-Liter-Speicher und in 9 m Entfernung ist der Küchenauslauf mit einer $^3/_4$-Zoll-Rohrleitung angeschlossen, dem am Tage 20mal je $1^1/_2$ Liter Heißwasser entnommen würde. Da ein Meter $^3/_4$-Zoll-Rohr etwa 0,284 Liter Wasser enthält, so kühlen in der Rohrleitung vom Badespeicher bis Küche täglich $20 \times 9 \times 0{,}284 = 51{,}3$ Liter Wasser völlig nutzlos ab, das sind etwa 43% des nutzbaren Wasserinhaltes. Es ist somit zweckmäßiger, den Speicher an der Stelle des häufigsten Verbrauches aufzustellen. Verwendet man statt des $^3/_4$-Zoll-Rohres nur ein $^3/_8$-Zoll-Rohr, das für den Küchenauslauf gewöhnlich ausreicht, so geht der Verlust auf 12,6 Liter oder etwa 10% zurück.

Führt die Heißwasserleitung jedoch zu einer Zapfstelle, die nur verhältnismäßig selten, dafür aber ausgiebiger benützt wird, z. B. zur Badewanne, so tritt dieser Wärmeverlust des Wasserquantums, das die Rohrleitung anfüllt und erwärmt, nur seltener auf und ist, wenn er auch bei der Entnahme ziffernmäßig größer sein mag, für die gesamte Wirtschaftlichkeit der Heißwasserspeicheranlage nicht so ausschlaggebend. Solche seltener benützte Rohrleitungen können, wenn man sich an einem etwas längeren Vorlauf von kaltem und lauem Wasser an der Zapfstelle nicht stößt, auch eventuell ohne Wärmeisolierung verlegt werden. Gerade bei der Badebereitung ist der kalte Vorlauf nicht hinderlich, da er die Glasur der Wanne schont und sowieso Mischwasser benötigt wird. Werden solche Heißwasserleitungen in die Mauer unter Putz verlegt, so sollen sie, wenn sie keine Wärmeisolierung bekommen, nicht fest mit dem Mauerwerk verbunden, sondern in kleinen Kanälen geführt werden, damit man sie auch später noch überprüfen kann.

Bei größeren Anlagen mit Heißwasserspeichern für Warmwasserversorgung von ganzen Häusern oder Villen tritt die Frage der Wärmeverluste und der Isolierung natürlich wesentlich mehr in den Vordergrund. Hier müssen bei der Projektierung die Wärmeverluste der künftigen Anlage bereits rechnerisch möglichst genau erfaßt werden und ist, wie wir bereits im Kapitel III f erwähnten, der Heißwasserspeicher dann entsprechend größer zu wählen. Die in diesen Fällen oftmals nötige Zirkulationsleitung verursacht natürlich die größten Wärmeverluste, denn sie ist lang, muß einen auch für stärkeren Heißwasserbedarf ausreichenden Querschnitt haben und schließlich befindet sich das Heißwasser darin in ständiger Strömung; sie muß daher ganz vorzüglich wärmeisoliert werden.

In manchen Anlagen haben sich dann bisweilen noch gewisse unvorhergesehene Wärmeverluste gezeigt, die man dann als die Folge gewisser Strömungserscheinungen in der Heißwasserleitung vom Speicher ab erkannte. Hier brachte das Einschalten eines Rückschlagventiles auch in die Heißwasserleitung gleich nach dem Speicher Abhilfe und verringerte den Stromverbrauch des Speichers gleich um etwa 10—12%.

Die Berechnungen zur Ermittlung der Wärmeverluste sind, wenn sie genauer sein sollen, ziemlich kompliziert und erfordern einige Erfahrung. Man überläßt sie daher am besten den Spezialisten der einschlägigen Firmen. Es würde den Rahmen dieser Schrift weit überschreiten, wenn diese Berechnungen hier erörtert werden sollten. Als Anhaltspunkt für die Größe der Wärmeverluste in den Heißwasserleitungen gibt ein deutsches Elektrizitätswerk seinen Abnehmern an:

| Rohrdurchmesser: | Verluste in WE (Cal.) pro Meter: |
|---|---|
| 1/4 Zoll | 10 |
| 3/8 Zoll | 16 |
| 1/2 Zoll | 26 |
| 3/4 Zoll | 43 |
| 1 Zoll | 66 |

Schließlich sei, um die Möglichkeit zu geben, sich ein ungefähres Bild von den Kosten der Wärmeisolierung zu machen, erwähnt, daß 1 $m^2$ Isolierungsfläche (Außenfläche) bei 3 cm Stärke des Isoliermittels für Korksteinschalen oder -segmente etwa 15 S, für Seidenzopf etwa 13 S kostet.

Die vorstehenden Erörterungen über die Wärmeverluste in den Heißwasserleitungen und ihre Herabsetzung führen nun direkt zu der Frage des Aufstellungsortes für einen Heißwasserspeicher. Sie enthalten aber gleichzeitig die Antwort, wenn man die gegebenen Richtlinien anwendet. Ohne daß deshalb der ganz allgemein gültige Satz, nach welchem ein Heißwasserspeicher grundsätzlich überall aufgestellt werden kann, wo er Platz findet, seine Gültigkeit verliert, wird man unter Beachtung der wirtschaftlichen Gesichtspunkte den Heißwasserspeicher wenn möglich dorthin bringen, wo er den Zapfstellen, die am öftesten benutzt werden, am nächsten ist. In erster Linie ist da an Küche und Toilette zu denken, während das Bad, falls der Speicher auch für dieses bestimmt ist, ohne wesentliche Nachteile auch etwas weiter entfernt sein kann. So findet man die kleineren Speichertypen —

alles natürlich Wandapparate — fast immer direkt über dem Waschbecken, dem Spültisch oder dem Wandbrunnen montiert. Die Küche hat oft einen eigenen Heißwasserspeicher, ebenso die Waschküche und auch für das Bad wird er manchmal ganz allein aufgestellt. Bis zur äußersten Zweckmäßigkeit durchkonstruiert, ist dieser Apparat wirklich schön und eine Zierde für jeden der genannten Räume. Die größeren Heißwasserspeicher, die bereits dazu bestimmt sind, eine größere Anzahl von Zapfstellen zu versorgen und deren Heißwasserleitungen dann auch meist bereits Wärmeisolation erhalten, finden ihren Platz in irgendeinem Nebenraum oder einer Nische der Wohnung. Sind im Keller eines Hauses die Anschlußmöglichkeiten für Wasser, Elektrizität und für den Ablauf jedoch besonders günstig, so ist insbesonders für einen großen Speicher dies der richtige Aufstellungsort. Man wird nur trachten, ihn nicht gerade in einen ganz feuchten Raum oder in ständigen Luftzug zu bringen. Dadurch, daß man in diesem Falle den Speicher nicht in der Nähe der meistbeanspruchten Zapfstelle, von denen es auch mehrere geben kann, aufzustellen vermag, treten natürlich durch die größere Länge der Rohrleitungen auch etwas größere Wärmeverluste auf, die durch die entsprechende Wärmeisolation der Heißwasserleitungen vermieden bzw. auf ein Maß herabgedrückt werden müssen, daß sie prozentuell zu dem größeren Speicherinhalt keine nennenswerte Rolle mehr spielen.

Es sei jedoch bereits hier erwähnt, daß es aus wirtschaftlichen Gründen (Verringerung der Kosten für Rohrleitungsverlegung, Herabsetzung der Wärmeverluste, bessere Ausnützung der Heißwasserspeicher usw.) manchmal richtiger ist, eine Dezentralisation der Heißwasserversorgung vorzunehmen und mehrere Speicher zur Aufstellung zu bringen, wodurch sich dann auch die Platzfrage für die Speicher oft viel leichter löst. Eine fehlerhafte Disposition kann da sehr leicht die Rentabilität des Betriebes beeinträchtigen. Allgemein kann gesagt werden, daß die zentrale Heißwasserversorgung durch einen Speicher für Küche, Bad, Toilette und sonstige Räume nur dann wirtschaftlich ist, wenn die Zapfstellen nicht zu weit auseinander liegen, und es regt eine größere Anzahl von Zapfstellen auch zu einer stärkeren Inanspruchnahme von heißem Wasser an als unbedingt notwendig wäre.

Wenn auch die vorstehenden Gesichtspunkte, von denen bei der Wahl des Aufstellungsortes eines Heißwasserspeichers ausgegangen werden sollte, ästhetische Anschauungen, wie sie oftmals bei der Aufstellung in einer Wohnung auftreten, nicht berücksichtigen und eine Entscheidung in solchen Fällen vielleicht nicht gerade erleichtern, soll ihre Erörterung doch die Richtlinien für eine wirtschaftlich richtige Disposition für die Aufstellung des Heißwasserspeichers geben, wie sie leider in bereits bestehenden älteren Anlagen oftmals vermißt werden muß.

# VI. Richtlinien für die Wahl der Speichergröße.

Für den Laien ist es erfahrungsgemäß sehr schwierig, die richtige Größe des benötigten Heißwasserspeichers zu bestimmen. Kaum irgendwo irrt man sich in der Schätzung so leicht, wie bei solchen nie beachteten Dingen des täglichen Verbrauches. Die wenigsten Menschen sind sich über ihren täglichen Warmwasserverbrauch wirklich im klaren. Und daß sie, wenn ihnen aus einem neuen Heißwasserspeicher ständig heißes Wasser zur Verfügung steht, eben doch dazu verleitet werden, etwas mehr davon zu verbrauchen als früher, wollen sie sich zwar nicht eingestehen, aber es ist doch so und schließlich auch völlig begreiflich. Bei dem sonst sehr anerkennenswerten Bestreben zu sparen, endet die Sache dann sehr oft damit, daß der für den Haushalt beschaffte Heißwasserspeicher zu klein gewählt wurde und damit beginnt die Unzufriedenheit, für die man dann gerne das Gerät verantwortlich macht.

Es ist also von größter Bedeutung, daß man sich vor Anschaffung eines elektrischen Heißwasserspeichers ein richtiges Bild vom wirklich auftretenden Heißwasserbedarf macht. Zur Ermittlung desselben soll im nachstehenden versucht werden, einige Anhaltspunkte zu geben, um sich dann leicht für eine der gangbaren Speichergrößen entscheiden zu können. Vorwiegend für Küchenzwecke werden Wandspeicher mit 30, 50 und 80 Liter, hauptsächlich für Badezwecke Wandapparate mit 100 und 150 und Standspeicher mit 120, 200, 300 usw. Liter Inhalt erzeugt. Da die Dimensionen und die Befestigungsarten der Heißwasserspeicher noch in den seltensten Fällen normalisiert sind, somit ein Austausch eines zu kleinen gegen einen größeren Speicher durch die jedesmaligen Stemm- und Montagearbeiten sehr unangenehm ist und auch Geld kostet, ist es besonders wichtig, gleich die richtige Speichergröße zu wählen. (Einige deutsche Elektrizitätswerke bemühen sich bereits in anerkennenswerter Weise und mit Erfolg um die Normung der gangbaren Heißwasserspeichergrößen, der insbesondere bei dem Mietegeschäft große Bedeutung zukommt.)

Bei der Ermittlung des täglichen Heißwasserbedarfes in einem Haushalt darf nicht vergessen werden, daß eine restlose Ausnützung der elektrischen Heißwasserbereitung mit billigem Nachtstrom nur dann wirklich gegeben ist, wenn auch das ganze zum Kochen notwendige Warmwasser dem Heißwasserspeicher entnommen wird. Vielfach kommt es vor, daß der Speicher nur für das zu Waschzwecken und zur Deckung des Spülwasserbedarfes in der Küche notwendige Heißwasser dimensioniert wurde und man nach wie vor beim Kochen auf dem Herde die meisten mit Wasser zuzustellenden Speisen durch entsprechenden Aufwand von Holz und Kohle erst wieder vom kalten Zustand bis zum Kochen erwärmt. Das bedeutet natürlich eine unnötige Verschwendung von Brennmaterial und Zeit.

Im allgemeinen kann man in kleineren Familien als Heißwasserbedarf für Küche und Haushalt etwa 10—12 Liter pro Kopf und Tag rechnen. Diese Werte werden natürlich nicht unwesentlich überschritten, wenn der Haushalt mit Personal auf einem höheren Standard geführt wird. Für eine drei- bis vierköpfige Familie muß, wenn auch noch heißes Wasser für das Waschbecken vorhanden sein soll, mindestens ein 50- oder ein 80-Liter-Speicher gewählt werden.

Soll der Heißwasserspeicher auch für Badezwecke Verwendung finden, so wird es bei jeder kleineren Familie zunächst eine entsprechende Badeeinteilung möglich machen, daß täglich nur ein Bad beansprucht wird, also ein kleiner, aber gut ausgenützter Speicher Verwendung finden kann. Das für ein Bad erforderliche Heißwasserquantum hängt natürlich von der Größe der Wanne ab. Normalerweise kann man hier mit 75 bis 80 Liter Heißwasser pro Bad rechnen, während besonders große oder gekachelte, in den Boden eingelassene Wannen ungleich mehr Fassungsraum haben und bei diesen auch die Abkühlungsverluste steigen. Ein solcher Badespeicher muß also mindestens 80 Liter Inhalt haben und liefert täglich ein warmes Bad. Ist jedoch kein täglicher Bedarf nach einem solchen vorhanden, so wäre der Speicher unausgenützt bzw. müßte er zur Vermeidung unnötiger Wärmeverluste vollständig abgeschaltet werden; an einem solchen Tage hat man dann eben kein heißes Wasser zur Verfügung. Hier wäre es angebracht, einen Sparboiler aufzustellen, der bei einem Stromverbrauch von nur einem Drittel der Gesamtleistung doch täglich wenigstens 25 Liter (allgemein ein Drittel des Speicherinhaltes) Heißwasser für den Bedarf in der Wirtschaft zur Verfügung stellt.

Man verwendet in den wenigsten Fällen das Heißwasser mit Temperaturen von 85—90° C, wie es aus dem Speicher strömt, sondern mischt ganz beträchtliche Mengen kalten Wassers dazu. Man weiß eben nur, wieviel Liter Mischwasser von einer gewissen Temperatur man benötigt, ohne jedoch sagen zu können, welche Mengen heißen Wassers von 85° zur Bereitung desselben notwendig ist. Hier ergibt sich die Notwendigkeit, die Mischungsregel zu verwerten. Die Richmannsche Formel für unsere Zwecke vereinfacht lautet:

$$L_h = \frac{L_m\ (t_m - t_k)}{t_h - t_k},\ \text{wobei}$$

$L_h$ = die erforderliche Heißwassermenge in Litern,
$L_m$ = die erwünschte Mischwassermenge in Litern,
$t_m$ = die erwünschte Mischwassertemperatur in Grad Celsius,
$t_k$ = die Temperatur des kalten Wassers in Grad Celsius,
$t_h$ = die Temperatur des dem Heißswaserspeicher entnommenen Wassers in Grad Celsius bedeutet.

Ein Beispiel: Es betrage die Temperatur des kalten Wassers ($t_k$) 18° C, die gewünschte Mischtemperatur ($t_m$) 35° C und die erforderliche Mischwassermenge 210 Liter ($L_m$), was einem normalen Vollbad entspricht; die erforderliche Heißwassermenge errechnet sich unter Verwendung obenstehender Formel wie folgt:

$$\text{erforderliche Heißwassermenge} = \frac{210 \cdot (35 - 18)}{85 - 18} = \frac{210 \cdot 17}{67} =$$

$$= \frac{3570}{67} = \text{ca. } 53{,}5 \text{ Liter.}$$

Die Größenwahl der Speicher für Privathaushaltungen ist daher beiläufig nach folgender Tabelle vorzunehmen:

Tabelle 1. Notwendige Speichergröße

| Personenzahl | Ungefährer maximaler Heißwasserverbrauch für Haushaltungszwecke (ohne Bad) von 85°C pro Tag in Liter | Speichergrößen für | | |
|---|---|---|---|---|
| | | Haushaltzwecke allein | Bade- und Haushaltzwecke[1] | Zentralwasserversorgung (zweckmäßig nur Hochdruckspeicher) |
| 1 | 30 | 30 | 80—100 | 100 |
| 2 | 40 | 50 | 80—120 | 100 |
| 3 | 60 | 80 | 120 | 120—200 |
| 4 | 80 | 100 | 120 | 200 |
| 5 | 90 | 100 | 120—200 | 200—400 |
| 6 | 100 | 120 | 120—200 | 200—400 |
| 7 | 120 | 120—150 | 120—200 | 400 |

Mit Rücksicht auf den Verwendungszweck, die Häufigkeit der Heißwasserentnahme und die Lage und Einteilung der Räume kann es auch in einem Haushalt geboten sein, mehrere Heißwasserspeicher (deren Summeninhalt den Werten der Tabelle 1 entsprechen) aufzustellen, wenn auf diese Weise längere Heißwasserleitungen und die durch sie auftretenden Wärmeverluste mit ihrer ungünstigen Beeinflussung der Wirtschaftlichkeit vermieden und die einzelnen Speicher besser ausgenützt werden können.

Wie bereits erwähnt, wird bei größeren Anlagen mit zentraler Heißwasserversorgung natürlich auch die Anzahl der Zapfstellen einen gewissen Einfluß auf den Heißwasserverbrauch pro Kopf haben, da mehr Zapfstellen eben auch mehr Gelegenheit zum Warmwasserverbrauch geben.

Auch bei größeren Badeanlagen, die mit elektrischen Heißwasserspeichern ausgerüstet werden sollen, ist auf das oben erwähnte Prinzip der Unterteilung zu achten. Durch entsprechende Kombination verschiedener Speichergrößen von Sparboilern und Speichern mit Zusatz-

[1] je nach Bädereinteilung und Wannengröße.

heizung wird sich in jedem einzelnen Falle auch bei stark schwankender Inanspruchnahme die jeweils wirtschaftlichste Lösung finden lassen.

Als Anhaltspunkt zur Ermittlung des Heißwasserbedarfes von öffentlichen Bädern soll hier nur gesagt werden, daß pro Bad mit einem etwas höheren Heißwasserbedarf gerechnet werden muß, da die Wannen je nach jedem Bad reichlich mit heißem Wasser ausgespült werden, so daß der Bedarf an Heißwasser pro Bad auf etwa 90—100 Liter steigt. Brausebäder in Badeanstalten oder Schulen und Turnhallen benötigen minutlich etwa 12—20 Liter Gebrauchswasser von etwa 30—35° C Mischtemperatur, somit also 4—7 Liter Heißwasser und kann die Dauer einer solchen ununterbrochenen Inanspruchnahme pro Brausebad mit fünf Minuten als sehr reichlich angenommen werden.

Abb. 53. Brausebäderanlage.

In derartigen Anlagen wird unmittelbar hinter dem Heißwasserspeicher ein Zentralmischer eingebaut, mit welchem das Aufsichtsorgan die richtige Mischwassertemperatur einstellen kann. Die Abb. 53 zeigt den Blick in einen Brausebäderraum einer Schule mit dem Speicher im Ankleideraum.

In landwirtschaftlichen Betrieben schließlich kommt außer dem normalen Heißwasserverbrauch pro Kopf und Tag auch noch die Verwendung für das Vieh in Betracht. Inwieweit sich der Landwirt die Vorteile des Heißwasserspeichers in seinem Haushalt, seiner Milchwirtschaft und für sein Vieh zunutze macht, ist heutzutage von Fall zu Fall doch noch zu verschieden, um auch hier genaue Zahlen angeben zu können, es muß vielmehr der auftretende Heißwasserbedarf jedesmal besonders erhoben werden.

Als Argument für die Einstellung von Einzelboilern wäre gegenüber der zentralen Wärmeversorgung anzuführen:

Im ersten Fall bezahlt jeder Mieter wirklich nur die Kosten des Wassers und der Erwärmung desselben, das er selbst verbraucht, während sich bei Zentralwasserversorgung schwer ein gerechter Aufteilungsschlüssel finden läßt. Die sparsame Hausfrau mit einigen Kindern braucht nicht den Wasserbedarf des badewütigen Einzelehepaares mit Hausgehilfen und Hund mitzubezahlen, das in einem Tag bei drei bis vier Bädern allein hierfür leicht über 1000 Liter Gebrauchswasser verschwendet. Andererseits ist es ungerecht, wenn das sparsame Einzelehepaar die Kosten für den Wasserbedarf der großen, kinderreichen Familien mit vielen Bädern und großen Wäschen mittragen muß. Bei der Einzel-Speicherversorgung steht es im Belieben des Verbrauchers, die Menge pro Tag selbst zu bestimmen, einerseits nach der Größe des Heißwasserspeichers und andererseits nach der Entnahme.

Schließlich seien noch in der folgenden Tabelle bezüglich des Jahres-Kilowattstunden-Verbrauches einige Angaben gemacht, welche die Elektrowirtschaft, Geschäftsstelle zur Förderung der Elektrizitätsverwertung Zürich, auf Grund ihrer Erfahrungen an etwa 86000 Speichern errechnete:

| Speicherinhalt in Liter | Jahresverbrauch in kWh etwa | Jahresbenützungsstunden etwa |
|---|---|---|
| 30 | 800— 900 | 3000—2680 |
| 50 | 1200—1300 | 2600—2400 |
| 75 | 1300—1500 | 1670—1450 |
| 100 | 1500—1600 | 1450—1360 |

# VII. Der elektrische Anschluß, Tarifformen und Strommessung.

## A. Die Anschlußwerte der verschiedenen Fabrikate.

Die erforderliche Heizleistung errechnet sich wie folgt: Unter der Annahme, daß das Frischwasser mit 15° C in den Heißwasserspeicher eintritt, sind zur Erwärmung von einem Liter Wasser auf 85° C 70 WE notwendig, bei einem 50-Liter-Speicher also beispielsweise $50 \times 70 = 3500$ WE. Bei einem gut isolierten Speicher kann man mit einiger Sicherheit mit 5% Abstrahlungsverlusten rechnen; es sind somit insgesamt 3675 WE erforderlich. Da mit einer Kilowattstunde theoretisch 864 WE erzeugt werden können, nimmt der 50-Liter-Speicher eine elektrische Arbeit von 4,25 kWh auf, somit wäre seine normale Anschlußleistung bei achtstündiger Aufheizdauer 4,25 kWh : 8 Std. = 0,53 kW.

Ein Blick in die Verkaufslisten der einzelnen Erzeugerfirmen zeigt nun Unterschiede in der Anschlußleistung bis zu 33%, was aber nicht auf die verschiedene Güte der Wärmeisolation der Speicher zurückzuführen sein dürfte. Häufig liegt wahrscheinlich der Grund darin, daß der eine Fabrikant mit voller Sicherheit die gewährleistete Endtemperatur von 85° C in der vorgesehenen Heizzeit erreichen will, während der andere auf Grund seiner Prüffeldversuche die Heizleistung knapp auslegt und gelegentlich in außergewöhnlich kalten Räumen infolge der größeren Ausstrahlungsverluste oder bei besonders tiefer Eintrittstemperatur des Frischwassers gezwungen sein wird, die gelieferte Heizpatrone gegen eine größere Leistung auszutauschen. Für das Elektrizitätswerk ist der in seiner Heizleistung nicht überdimensionierte Speicher angenehmer, weil dann tatsächlich die ganze Nacht hindurch, für die es den ermäßigten Nachtstromtarif zugesteht, gleichmäßig Strom abgenommen wird und nicht nur während eines Teiles derselben; für den Fabrikanten allerdings ist der Weg der reichlichen Bemessung der einfachere.

Wie bereits erwähnt, hängen die Verluste von der Größe der Oberfläche ab und es ist daher auch die Form des Heißwasserspeichers von Einfluß. Die kleinste Oberfläche bei größtem Rauminhalt hat bekanntlich die Kugel, und beispielsweise Siemens-Schuckert hat die 15- und 25-Liter-Type kugelförmig ausgebildet (aber inzwischen wieder verlassen) (Abb. 54). Das an sich gute Prinzip ist jedoch wegen der großen Durchmesserabmessungen und der hohen Erzeugungskosten für größere Typen praktisch nicht verwendbar, weshalb die Regelform der Heißwasserspeicher die des Zylinders, der Walze, ist. Auch das Verhältnis von Durchmesser zur Höhe der Walze ist bei den einzelnen Erzeugnissen ziemlich verschieden und dementsprechend auch die Gewichte. Ansätze zur Normalisierung der Durchmesser sind bei den einzelnen Firmen zu erkennen.

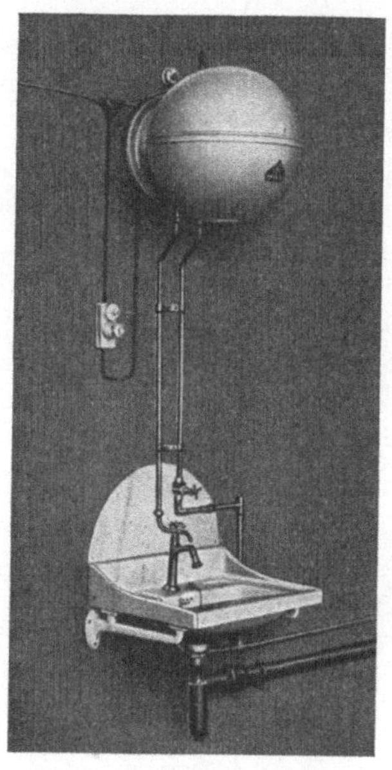

Abb. 54. Heißwasserspeicher der Siemens-Schuckert-Werke in Kugelform.

In der Tabelle 2 sind für die Heißwasserspeicher der Erzeugerfirmen: AEG, Bergmann, Elektra-G. m. b. H.-Bregenz, Gesellschaft für Elektroheizungstechnik m. b. H.-Wien, Prometheus, Sachsenwerk und Siemens-Schuckert und Therma-Schwanden die Anschlußleistungen für achtstündige Heizdauer, die Art der Aufstellung (Wand- oder Standspeicher), Durchmesser, Höhe und Gewicht zusammengestellt und ferner noch vermerkt, ob die betreffende Type einphasig oder an Drehstrom angeschaltet wird. Die achtstündige Einschaltung ist die Regel (gewöhnlich von 22 bis 6 Uhr); es kommt jedoch auch vor, daß das Elektrizitätswerk eine sechs- bzw. neunstündige Einschaltezeit vorschreibt, was mit dem Verlauf seiner Leistungskurve zusammenhängt. In diesem Falle kann der Anschlußwert der Tabelle durch Multiplikation mit den Faktoren 8/6 bzw. 8/9 umgerechnet werden. So z. B. beträgt die Heizleistung des 80-Liter-Siemens-Schuckert-Speichers bei neunstündiger Einschaltung $8/9 \times 1040 =$ rund 924 Watt.

Tabelle 2: Wand- und Standspeicher verschiedener Firmen

| Inhalt in Litern | A. E. G. | | | | | Bergmann | | | | | Elektra G. m. b. H., Bregenz | | | | | Elektro-Heizungs-Technik, Wien | | | | |
|---|---|---|---|---|---|---|---|---|---|---|---|---|---|---|---|---|---|---|---|---|
| | Leistung Watt | Ausführung | Durchmesser mm | Höhe mm | Leer-Gewicht kg | Leistung Watt | Ausführung | Durchmesser mm | Höhe mm | Leer-Gewicht kg | Leistung Watt | Ausführung | Durchmesser mm | Höhe mm | Leer-Gewicht kg | Leistung Watt | Ausführung | Durchmesser mm | Höhe mm | Leer-Gewicht kg |
| 15 | 225 | WE[1] | 390 | 650 | 25 | 250 | WE | 430 | 730 | — | 180 | WE | 295 | 700 | 19 | — | — | — | — | — |
| 20 | — | — | — | — | — | — | — | — | — | — | — | — | — | — | — | — | — | — | — | — |
| 25 | 320 | WE[1] | 390 | 880 | 35 | — | — | — | — | — | — | — | — | — | — | — | — | — | — | — |
| 30 | 360 | WE[1] | 390 | 1005 | 40 | 400 | WE | 430 | 830 | 28,3 | 360 | WE | 360 | 830 | 27 | 350 | WE | 390 | 1020 | 43 |
| 50 | 630 | WE[1] | 470 | 940 | 50 | 660 | WE | 500 | 1000 | 33,7 | 600 | WE | 420 | 940 | 38 | 700 | WE | 390 | 1400 | 55 |
| 75 | — | — | — | — | — | — | — | — | — | — | 1000 | WE | 420 | 1365 | 65 | — | — | — | — | — |
| 80 | 1000 | WE[1] | 470 | 1360 | 64 | 1000 | WE | 500 | 1360 | 44,1 | — | — | — | — | — | 1000 | WE/D[5] | 465 | 1475 | 75 |
| 100 | 1250 | WE | — | — | 75 | — | — | — | — | — | 1300 | WD | 500 | 1395 | 92 | 1250 | WE/D[5] | 465 | 1700 | 87 |
| 100 | — | — | — | — | — | — | — | — | — | — | 1300 | SD | 550 | 1430 | 115 | — | — | — | — | — |
| 120 | 1500 | WE/D[2] | 570 | 1280 | 96 | 1500 | WE | 500 | 1380 | 63,7 | — | — | — | — | — | — | — | — | — | — |
| 120 | 1500 | SE/D[2] | 470 | 1845 | 107 | — | — | — | — | — | — | — | — | — | — | 1600 | SE/D[5] | 460/600 | 1870 | 125 |
| 125 | — | — | — | — | — | — | — | — | — | — | — | — | — | — | — | — | — | — | — | — |
| 150 | 1900 | WE/D[2] | 570 | 1530 | 115 | — | — | — | — | — | 2000 | WD | 550 | 1600 | 117 | 2000 | WE/D[5] | 560 | 1700 | 133 |
| 150 | 1900 | SE/D[2] | 570 | 1620 | 155 | 2000 | SE/D[4] | 560 | 1380 | 160 | 2000 | SD | 590 | 1620 | 133 | — | — | — | — | — |
| 200 | 2550 | SD[2] | 570 | 2020 | 180 | 2500 | SE/D[4] | 560 | 1880 | 190 | 2400 | SD | 660 | 1640 | 160 | 2600 | SD | 560/700 | 1960 | 195 |
| 300 | 3600 | SD[3] | 420 | 2005 | 220 | — | — | — | — | — | 3400 | SD | 760 | 1650 | 210 | 3600 | SD | 635/750 | 2130 | 240 |
| 400 | 4800 | SD[3] | 440 | 2255 | 270 | 5000 | SD | 710 | 1780 | 270 | 4400 | SD | 820 | 1800 | 265 | 5000 | SD[6] | 800/1000 | 1650 | 280 |
| 500 | 6300 | SD[3] | 450 | 2055 | 320 | — | — | — | — | — | 5300 | SD | 840 | 2020 | 315 | 6250 | SD[6] | 800/1000 | 1970 | 320 |
| 600 | 7500 | SD[3] | 520 | 2100 | 370 | 7500 | SD | 800 | 2250 | 420 | 6000 | SD | 900 | 2020 | 355 | 7500 | SD[6] | 800/1000 | 2300 | 370 |
| 640 | — | — | — | — | — | — | — | — | — | — | — | — | — | — | — | — | — | — | — | — |
| 800 | 9600 | SD[3] | 630 | 2700 | 470 | 10000 | SD | 990 | 2300 | 560 | 7600 | SD | 990 | 2300 | 450 | 10000 | SD[6] | 910/1100 | 2210 | 480 |
| 1000 | 12600 | SD[3] | 700 | 2355 | 600 | 12500 | SD | 950 | 2400 | 680 | 9000 | SD | 1050 | 245 | 575 | 12500 | SD[6] | 910/1100 | 2770 | 600 |
| 1200 | 15000 | SD[3] | 700 | 2655 | 680 | — | — | — | — | — | — | — | — | — | — | 15000 | SD[6] | 910/1100 | 3200 | 720 |
| 1500 | — | — | — | — | — | — | — | — | — | — | — | — | — | — | — | 18500 | SD[6] | 1100/1250 | 2780 | 850 |
| 2000 | — | — | — | — | — | — | — | — | — | — | — | — | — | — | — | 25000 | SD[6] | 1300/1450 | 2530 | 1000 |
| 2500 | — | — | — | — | — | — | — | — | — | — | — | — | — | — | — | 31000 | SD[6] | 1300/1450 | 3080 | 1100 |
| 3000 | — | — | — | — | — | — | — | — | — | — | — | — | — | — | — | 37000 | SD[6] | 1300/1450 | 3680 | 1200 |
| 4000 | — | — | — | — | — | — | — | — | — | — | — | — | — | — | — | 50000 | SD[6] | 1500/1650 | 2400 | 1400 |
| 5000 | — | — | — | — | — | — | — | — | — | — | — | — | — | — | — | 62000 | SD[6] | 1500/1650 | 3100 | 1600 |

[1] 1 Heizpatrone. [2] 3 Heizpatronen. [3] Anzahl der Heizpatronen nach Bedarf. [4] Bis 25 Amp. Einphasenstrom, darüber Drehstrom. [5] Drehstrom gegen Mehrpreis. [6] Ohne Eisenblechmantel.

Wand- und Standspeicher verschiedener Firmen

| Inhalt in Litern | Prometheus | | | | | Sachsenwerk | | | | | Siemens-Schuckert-Werke | | | | | „Therma", Schwanden | | | | |
|---|---|---|---|---|---|---|---|---|---|---|---|---|---|---|---|---|---|---|---|---|
| | Leistung Watt | Ausführung | Durchmesser mm | Höhe mm | Leer-Gewicht kg | Leistung Watt | Ausführung | Durchmesser mm | Höhe mm | Leer-Gewicht kg | Leistung Watt | Ausführung | Durchmesser mm | Höhe mm | Leer-Gewicht kg | Leistung Watt[12] | Ausführung | Durchmesser mm | Höhe mm[13] | Leer-Gewicht kg[13] |
| 15 | — | — | — | — | — | — | — | — | — | — | — | — | — | — | — | — | — | — | — | — |
| 20 | — | — | — | — | — | — | — | — | — | — | — | — | — | — | — | 150/250 | WE[14] | 335 | 693 | 23 |
| 25 | 350 | WE[7] | 400 | 650 | 25 | 350 | WE[9] | 360 | 950 | 20 | — | — | — | — | — | — | — | — | — | — |
| 30 | — | — | — | — | — | — | — | — | — | — | 340 | WE/D[2] | 400 | 900 | 31 | 200/300 | WE[14] | 335 | 933 | 29 |
| 50 | 650 | WE[7] | 400 | 1080 | 35 | 650 | WE[9] | 400 | 1090 | 34 | 600 | WE/D[2] | 400 | 1280 | 37 | 350/500 | WE[14] | 420 | 944 | 42 |
| 75 | — | — | — | — | — | 1000 | WE[3] | 400 | 1400 | 44 | — | — | — | — | — | 500/900 | WE[14] | 420 | 1300 | 57 |
| 80 | 950 | WE[7] | 400/470[8] | 1600/1315[8] | 50 | — | — | — | — | — | 1040 | WE/D[2] | 480 | 1300 | 60 | — | — | — | — | — |
| 100 | — | — | — | — | — | — | — | — | — | — | 1360 | WE/D[2] | 480 | 1350 | 70 | 1180 | WE/D[14] | 500 | 1630 | 95 |
| 100 | 1200 | SE/D | 600/470[8] | 1500/1575[8] | 140 | — | — | — | — | — | — | — | — | — | — | — | — | — | — | — |
| 120 | — | — | — | — | — | 1500 | WE[9] | 470 | 1650 | 80 | 1530 | WE/D[2] | 560 | 1550 | 100 | — | — | — | — | — |
| 120 | 1500 | SD[7] | 470 | 1900 | 95 | — | — | — | — | — | — | — | — | — | — | — | — | — | — | — |
| 125 | — | — | — | — | — | — | — | — | — | — | — | — | — | — | — | 1460 | WE/D[14] | 580 | 1390 | 110 |
| 150 | — | — | — | — | — | — | — | — | — | — | 1920 | WE/D[2] | 560 | 1450 | 140 | 1750 | WE/D[14] | 580 | 1590 | 130 |
| 150 | — | — | — | — | — | — | — | — | — | — | — | — | — | — | — | 1750 | SD[14] | 610 | 1640 | 180/170 |
| 200 | 2400 | SD | 670 | 1850 | 210 | — | — | — | — | — | 2550 | SE/D[10] | 570 | 1980 | 158 | 2300 | SD[14] | 660 | 1700/1740 | 230/220 |
| 300 | 3600 | SD | 730 | 2000 | 280 | — | — | — | — | — | 3800 | SE/D[10] | 640 | 2100 | 200 | 3400 | SD[14] | 760 | 1760 | 300/280 |
| 400 | 4800 | SD | 800 | 2200 | 340 | — | — | — | — | — | 5100 | SE/D[10,11] | 800 | 2100 | 340 | 4500 | SD[14] | 810 | 1940/2000 | 390/370 |
| 500 | 6000 | SD | 900 | 2300 | 380 | — | — | — | — | — | 6400 | SE/D[10,11] | 850 | 2150 | 400 | — | — | — | — | — |
| 600 | — | — | — | — | — | — | — | — | — | — | 7600 | SE/D[10,11] | 900 | 2160 | 500 | 6800 | SD | 900 | 2190 | 460 |
| 640 | 7200 | SD | 900 | 2600 | 460 | — | — | — | — | — | — | — | — | — | — | — | — | — | — | — |
| 800 | 9600 | SD | 970 | 2600 | 540 | — | — | — | — | — | 10000 | SE/D[6] | 720 | 2100 | 580 | — | — | — | — | — |
| 1000 | 12000 | SD | 1050 | 2800 | 670 | — | — | — | — | — | 12000 | SE/D[6] | 1000 | 2000 | 640 | 11300 | SD | 1050 | 2500 | 700 |
| 1200 | — | — | — | — | — | — | — | — | — | — | 15000 | SE/D[6] | 1050 | 2100 | 770 | — | — | — | — | — |
| 1500 | — | — | — | — | — | — | — | — | — | — | — | — | — | — | — | — | — | — | — | — |
| 2000 | — | — | — | — | — | — | — | — | — | — | — | — | — | — | — | — | — | — | — | — |
| 2500 | — | — | — | — | — | — | — | — | — | — | — | — | — | — | — | — | — | — | — | — |
| 3000 | — | — | — | — | — | — | — | — | — | — | — | — | — | — | — | — | — | — | — | — |
| 4000 | — | — | — | — | — | — | — | — | — | — | — | — | — | — | — | — | — | — | — | — |
| 5000 | — | — | — | — | — | — | — | — | — | — | — | — | — | — | — | — | — | — | — | — |

[7] Für Niederdruck bis 1 at (Prüfdruck 2 at). [8] Bei Hochdruckbauart. [9] Nach Wahl als Überlauf- oder Ablaufspeicher. [10] Mit Blechaußenmantel. [11] Auch ohne Blechaußenmantel. [12] Die erste Leistung gilt für Dauereinschaltung, die zweite bei 8 Stunden Heizdauer. [13] Die zweiten Zahlen gelten für Kessel aus Kupfer. [14] Wasserkessel aus verzinktem Eisen oder aus Kupfer (bis 2 at Betriebsdruck).

Die Tabelle 3 zeigt die Anschlußwerte des oberen und unteren Heizkörpers sowie Abmessungen und Gewichte, der Spar- bzw. Zusatzheizboiler (siehe auch S. 22 und 25) der Firmen Elektra G. m. b. H.-Bregenz und Elektroheizungstechnik m. b. H.-Wien, ebenfalls für achtstündige Aufheizdauer.

Die beiden Tabellen 2 und 3 geben ein gutes Bild davon, daß die Konstrukteure der einzelnen Firmen doch noch nicht den Weg der Vereinheitlichung soweit gegangen sind, als es im Interesse einer wesentlichen Verbilligung dieses Gerätes wünschenswert erscheint. Da die meisten Firmen die Wasserkessel in Spezialfabriken herstellen lassen, würde zweifellos eine Normalisierung der Durchmesser und Längen der Wasserkessel eine wesentliche Verbilligung gestatten, weshalb auch der Verband Deutscher Elektrotechniker in der DIN-Norm VDE 4901 eine Normung der Standspeicher von 100—1000 Liter und in DIN-Norm VDE 4902 eine solche der Wandspeicher für 30, 50 und 80 Liter Nenninhalt ausgearbeitet hat, die sich jedoch leider noch nicht auf die Kessel selbst erstreckt. Ein weiteres DIN-Normblatt VDE 4903 für größere Speicher ist in Ausarbeitung und dürfte demnächst erscheinen.

Heißwasserspeicher für 6 kg/cm² Betriebsdruck — Elektrotechnik — DIN VDE 4901

Kaltwasser Zulauf

Maße in mm

| Nenninhalt[1] Liter | Größter Raumbedarf h | b | Gewinde d | Ausführung |
|---|---|---|---|---|
| 100 | 1600 | 850 | R 3/4″ | mit oder ohne Ummantelung |
| 200 | 1900 | 950 | | |
| 400 | 2200 | 1100 | R 1 ″ | |
| 640 | 2500 | 1250 | R 1 1/4″ | |
| 1000 | 2800 | 1400 | R 1 1/2″ | ohne Ummantelung |

[1] Nenninhalt ist die Wassermenge, die dem betriebsmäßig aufgestellten Gerät bei Entleerung durch den Zulaufstutzen entnommen werden kann.

Gewinde: Whitworth-Rohrgewinde nach DIN 259.

Die Ausführung muß den Vorschriften für elektrische Heizgeräte und elektrische Heizeinrichtungen des VDE entsprechen.

Juli 1927 Verband Deutscher Elektrotechniker E. V.

Tabelle 3: Sparboiler bzw. Heißwasserspeicher mit Tages-Zusatzheizung.

Elektra-Ges. m. b. H., Bregenz

| Inhalt Liter | Anschlußwert Watt Unterer Heizkörper | Anschlußwert Watt Oberer Heizkörper | Durchmesser mm | Höhe mm | Gewicht kg |
|---|---|---|---|---|---|
| 100 | 1300 | 450 | 550 | 1430 | 117 |
| 120 | — | — | — | — | — |
| 150 | 2000 | 700 | 590 | 1620 | 137 |
| 200 | 2400 | 800 | 660 | 1640 | 163 |
| 300 | 3400 | 1200 | 760 | 1650 | 213 |
| 400 | 4400 | 1500 | 820 | 1800 | 269 |
| 500 | 5300 | 1800 | 840 | 2020 | 279 |
| 600 | 6000 | 2000 | 900 | 2020 | 324 |
| 800 | 7600 | 2600 | 990 | 2300 | 409 |
| 1000 | 9000 | 3000 | 1050 | 2450 | 495 |
| 1200 | 11000 | 3700 | 1140 | 2450 | 580 |

Elektroheizungstechnik G. m. b. H., Wien

| Inhalt Liter | Anschlußwert Watt Unterer Heizkörper | Anschlußwert Watt Oberer Heizkörper | Durchmesser mm | Höhe mm | Gewicht kg |
|---|---|---|---|---|---|
| 100 | 900 | 400 | 465[1] | 1700 | 90 |
| 120 | 1100 | 600 | 460 | 1870 | 135 |
| 150 | 1300 | 700 | 560[1] | 1700 | 140 |
| 200 | 1800 | 900 | 570 | 1960 | 210 |
| 300 | 2600 | 1300 | 635 | 2130 | 255 |
| Boiler mit Zusatzheizung | | | | | |
| 120 | 1600—2000 | 1600 | 460—600 | 1870 | 120 |
| 200 | 2600—3400 | 2500 | 560—700 | 1960 | 200 |
| 300 | 3600—4800 | 2500 | 635—750 | 2130 | 300 |

[1] Wand-(Hänge)-Type

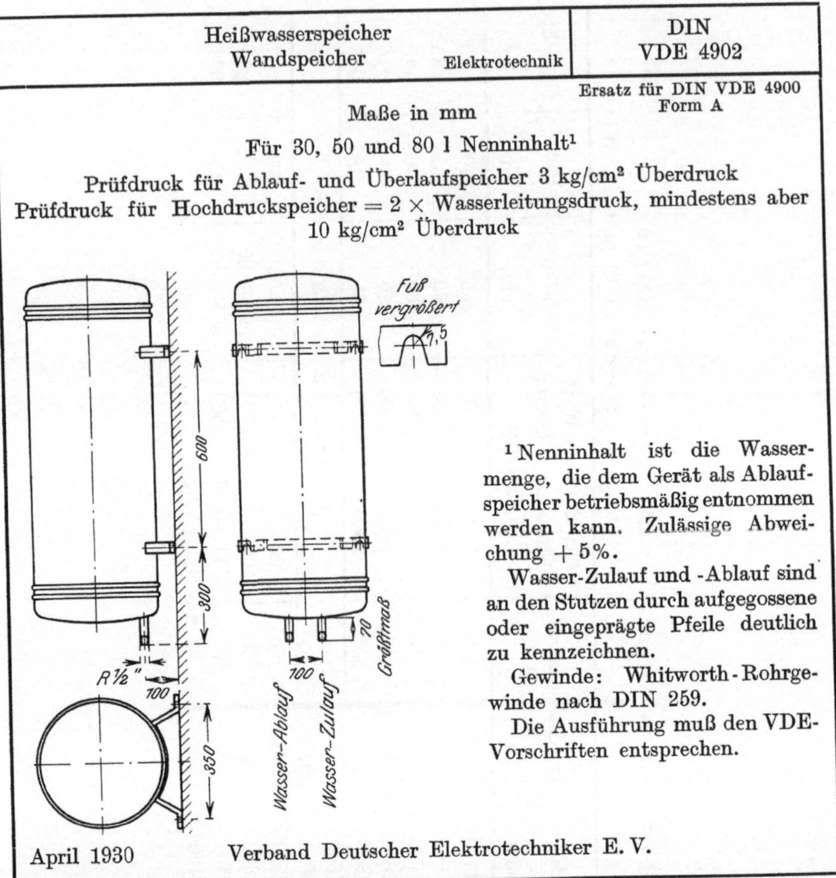


| Heißwasserspeicher<br>Wandspeicher Elektrotechnik | DIN<br>VDE 4902 |
|---|---|

Ersatz für DIN VDE 4900 Form A

Maße in mm

Für 30, 50 und 80 l Nenninhalt[1]

Prüfdruck für Ablauf- und Überlaufspeicher 3 kg/cm² Überdruck
Prüfdruck für Hochdruckspeicher = 2 × Wasserleitungsdruck, mindestens aber 10 kg/cm² Überdruck

[1] Nenninhalt ist die Wassermenge, die dem Gerät als Ablaufspeicher betriebsmäßig entnommen werden kann. Zulässige Abweichung + 5%.

Wasser-Zulauf und -Ablauf sind an den Stutzen durch aufgegossene oder eingeprägte Pfeile deutlich zu kennzeichnen.

Gewinde: Whitworth-Rohrgewinde nach DIN 259.

Die Ausführung muß den VDE-Vorschriften entsprechen.

April 1930 Verband Deutscher Elektrotechniker E. V.



## B. Die elektrischen Meßinstrumente zur Erfassung des Stromverbrauches der Heißwasserspeicher.

Für die Erfassung des Stromverbrauches eines Heißwasserspeichers sind relativ kostspielige Meßeinrichtungen notwendig, deren Erhaltungs- und Amortisationskosten entweder den Benützer finanziell empfindlich belasten oder das Elektrizitätswerk zwingen, bedeutende Mietegebühren für die Beistellung dieser Geräte zu verrechnen. Insbesondere die Einschaltung zur Nachtzeit erfordert voll- oder halbautomatische Vorrichtungen, die teuer sind und deren Gebühren bei kleinen Speichertypen in einem ungünstigen Verhältnis zu den effektiven Stromkosten stehen. Eine Vereinfachung bringt die Verrechnung nach einem Gebührentarif, bei dem die Arbeitsgebühr so niedrig ist, daß sich der Speicherbetrieb noch rentabel gestaltet. Die in Verwendung stehenden Meßgerätetypen seien im nachfolgenden angeführt.

## 1. Einphasenstromzähler.

Der Einphasenstromzähler wird verwendet zur Messung der kleineren Typen von Heißwasserspeichern (bis etwa 150 Liter, siehe Tabelle 2). Ist die zu messende Anlage an ein Drehstrom-Nulleiternetz (Vierleiter zum Beispiel 380/220 Volt) anzuschließen, so müssen die Klemmen 1 und 3 (Abb. 55 und 56) in einem der Außenleiter, die Klemmen 4 und 6 in die Nulleitung eingeschaltet werden, andernfalls Fehlmessung eintritt.

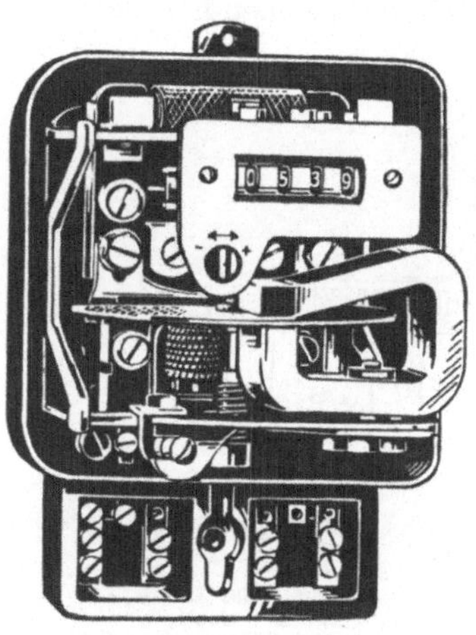

Abb. 55. Ansicht eines Einphasenstromzählers (geöffnet).

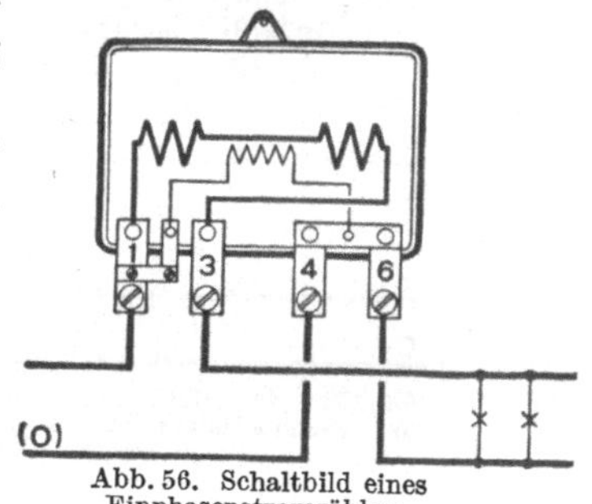


Abb. 56. Schaltbild eines Einphasenstromzählers.

Diese Zähler arbeiten nach dem Ferrarisprinzip, nach welchem das zum Antrieb der Zählrädchen notwendige Drehmoment in der in der Abb. 55 sichtbaren horizontalen Scheibe durch ein System von Stromspulen (Klemme 1 und 3) und Spannungsspulen (zwischen Klemmen 1 und 4—6) erzeugt wird.

## 2. Einphasenzähler für Drehstrom mit gleichbelasteten Phasen.

Es gibt Elektrizitätswerke, die die vereinfachte Messung von dreiphasig angeschlossenen Heißwasserspeichern mittels Einphasenzähler zulassen, wobei dann ein Zähler nach Schaltbild Abb. 57 verwendet wird. Vom Standpunkt des Elektrizitätswerkes ist die Messung in nur einer Phase genügend genau, denn die drei Phasen des Heizelements ergeben praktisch gleichmäßige Belastungen und überdies ist der Strom während der Nachtzeit nicht so wertvoll, daß sehr kostspielige Meßeinrichtungen gerechtfertigt wären.

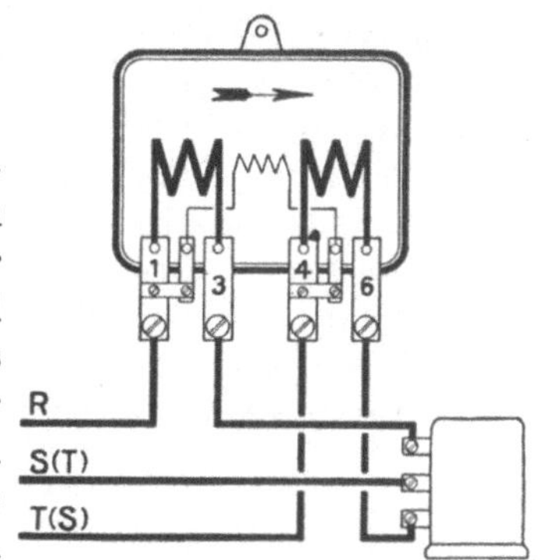


Abb. 57. Schaltbild eines Einphasenzählers für Drehstrom mit gleichbelasteten Phasen.

Voraussetzung ist dabei gewöhnlich, daß alle drei Phasen derart in einem Rohr verlegt werden, so daß eine Entnahme in einer der nicht gemessenen Phasen nicht möglich ist; desgleichen werden Schalter und Sicherungen gewöhnlich plombierbar ausgeführt. In Deutschland ist dieser Zähler nicht zugelassen[1].

## 3. Einphasenzähler für gleichbelastete Phasen in Drehstromnetzen mit Nulleiter.

Die Verwendung dieses Zählers ist auch nur bei jenen Elektrizitätswerken zulässig, wo die im vorerwähnten Punkt 2 beschriebenen Erleichterungen gewährt werden. Seine Schaltung zeigt die Abb. 58. In Deutschland ist dieser Zähler nicht zugelassen.

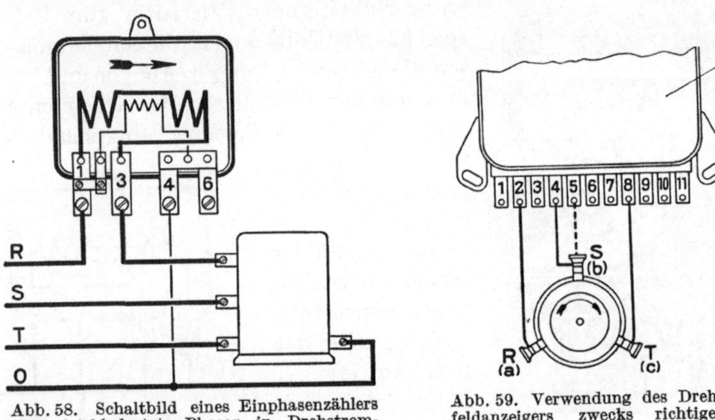


Abb. 58. Schaltbild eines Einphasenzählers für gleichbelastete Phasen in Drehstromnetzen mit Nulleiter.

Abb. 59. Verwendung des Drehfeldanzeigers zwecks richtiger Schaltung eines Zählers.

Der Anschluß eines derartigen Zählers erfordert die Verwendung eines Drehfeldanzeigers nach Abb. 59. Die Klemme *R* (*a*) des Drehfeldanzeigers wird mit der Klemme *2* des Zählers, die Klemme *T* (*c*) des Drehfeldanzeigers mit der Klemme *8* (bzw. bei größeren Stromstärken mit der Klemme *6*) verbunden, während die Klemme *S* (*b*) mit der dritten Phasenleitung *S* (*T*) (der Abb. 58) verbunden wird. Dreht sich die Scheibe des Drehfeldanzeigers im Sinne des Uhrzeigers, so ist der Zähler richtig angeschlossen. Dreht sich dagegen die Kennscheibe verkehrt, so ist die Spannungsleitung der Klemme *6* bzw. *5* an die Phasenleitung anzuschließen, zu welcher die Leitung von der Klemme *S* (*b*) des Drehfeldinstrumentes während des Versuches angeschaltet ist.

## 4. Der Drehstromzähler

findet zur Messung des Verbrauches von Heißwasserspeichern über 150

[1] Vergl. auch Kotschi, F.: Erleichterungen bei der Werbung von Nachtstrom-Verbrauchern. Elektrizitätsverwertung **1929**, H. 3.

Liter Verwendung; sein Schaltschema zeigt Abb. 60, seine Ansicht geöffnet Abb. 61, während die Abb. 62 den Drehstromzähler in geschlossenem Zustande darstellt. Er arbeitet nach der Aronschaltung und ist mit zwei Stromspulen (zwischen den Klemmen *1* und *3* bzw. *7* und *9*) und zwei Spannungsspulen (zwischen den Klemmen *1* und *4*—*6* bzw. *4*—*6* und *7*) ausgerüstet, die paarweise in je einer Ferrarisscheibe das erforderliche Drehmoment erzeugen.

Bei der Verbrauchsmessung sehr großer Heißwasserspeicher werden häufig 5-Amperezähler in Verbindung mit Stromwandlern verwendet, die dann nach Bedarf den Heizstrom von einigen hundert Ampere auf den Meßstrom von maximal fünf Ampere herabsetzen. Die Abb. 63 zeigt einen derartigen Stromwandler in Ansicht, die Abb. 64 die dabei zur Verwendung gelangende Schaltung. Spannungswandler sind gewöhnlich nicht notwendig, da der Heizkörper der Heißwasserspeicher normalerweise mit Niederspannung betrieben wird, für welche die Spannungsspulen der Zähler auch anstandslos gebaut werden können.

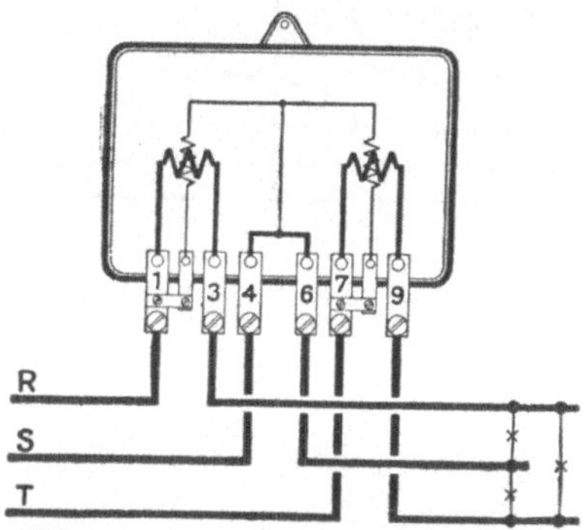


Abb. 60. Schaltbild eines Drehstromzählers.

Abb. 61. Ansicht eines Drehstromzählers (geöffnet).

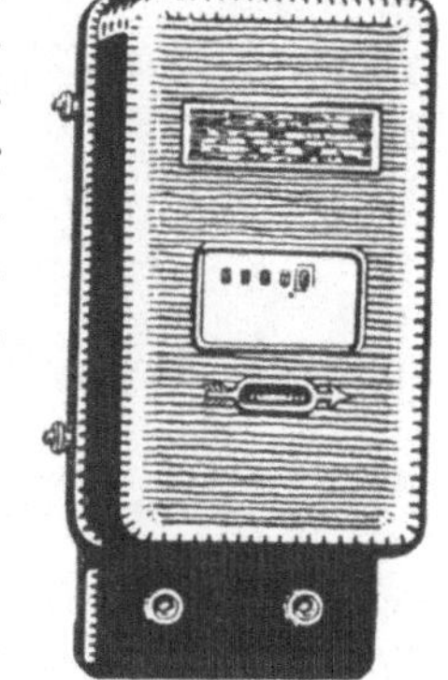

Abb. 62. Ansicht eines Drehstromzählers (geschlossen).

## 5. Der Drehstrom-Vierleiter-Zähler

ist in jenen Anlagen am Platze, wo neben einem großen Speicher mit Drehstromanschluß (z. B. dem Badespeicher) auch noch ein oder mehrere kleine Speicher mit Einphasenanschluß (z. B. in der Küche, über einem Waschtisch usw.) montiert sind und gemessen werden sollen.

Eine Ansicht eines solchen Zählers, der mit drei Systemen, zu welchen je eine Ferrarisscheibe, eine Strom- und eine Spannungsspule gehören,

Abb. 63. Niederspannungsstromwandler in Ansicht.

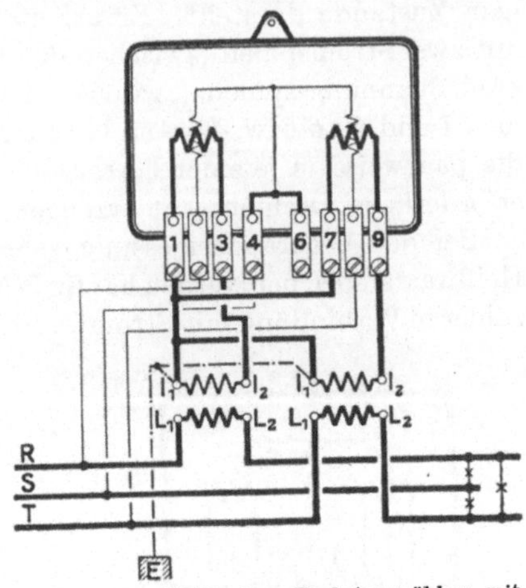


Abb. 64. Schaltbild eines Drehstromzählers mit Stromwandleranschluß.

Abb. 65. Ansicht eines Drehstrom-Vierleiter-Zählers (geöffnet).

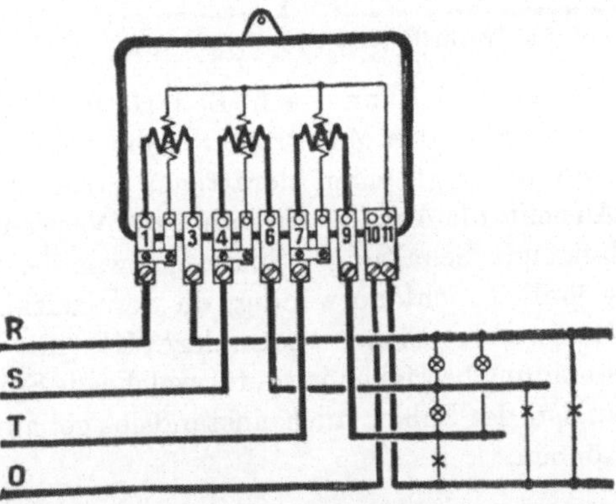


Abb. 66. Schaltbild eines Drehstrom-Vierleiter-Zählers für direkten Anschluß.

arbeitet, zeigt die Abb. 65. Aus Abb. 66 geht die Schaltung bei direktem Netzanschluß, also bei kleinen Leistungen, hervor, während die Abb. 67 das Schaltbild eines Drehstromvierleiterzählers für fünf Ampere Maximalstrom mit Stromwandler zeigt.

Die Verwendung von Spannungswandlern ist gleichfalls aus den im vorigen Punkte erwähnten Gründen selten.

## 6. Doppeltarifzähler

sind dort notwendig, wo ein Heißwasserspeicher gelegentlich auch zusätzlich mit Tagstrom geheizt wird, z. B. bei einem Friseur an Tagen

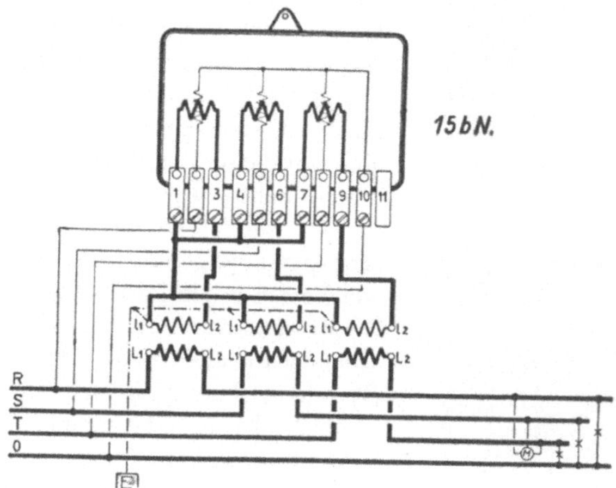


Abb. 67. Schaltbild eines Drehstrom-Vierleiter-Zählers mit Stromwandleranschluß.

besonderen Kundenbesuches, für den der Speicher aus Wirtschaftlichkeitsgründen nicht bemessen ist. Wie aus der Ansicht (Abb. 68) zu entnehmen ist, besitzt dieser Zähler zwei Zählwerke, die mit den Buchstaben HT und NT, Hoch- und Niedertarif, bezeichnet sind. Ein kleiner Zeiger gibt jeweils an, ob der Zähler auf Hoch- oder Niedertarif arbeitet. Die Umschaltung von einem Zählwerk auf das andere erfolgt mit einem eingebauten Magnetrelais, das seinen Stromimpuls von einer Schaltuhr erhält. Der Schaltung und dem Meßsystem nach wird der Doppeltarifzähler in den gleichen Typen, wie bisher unter 1—5 beschrieben, ausgeführt; es sind lediglich drei weitere Klemmen angeordnet, mit welchen die Schaltuhr zu verbinden ist.

Abb. 68. Drehstrom-Doppeltarif-Zähler in Ansicht.

## 7. Die Schaltuhren

sind notwendig, um die Doppeltarifzähler bzw. Schaltautomaten in Zeiten des Tarifwechsels entsprechend umzuschalten.

Der Konstruktion des Antriebes nach unterscheidet man Schaltuhren mit Hand- oder elektrischem Aufzug, ferner dem Uhrensystem nach mit Pendel- oder Unruhewerk (Echappement).

Die Schaltuhren mit elektrischem Aufzug haben den Vorteil, daß sie keine Bedienung brauchen, in Überlandnetzen jedoch den Nachteil, daß sie bei längeren Betriebsunterbrechungen stehen bleiben, da sie nur eine relativ kurze Gangreserve haben. Die Schaltuhren mit Handaufzug werden gewöhnlich für 40 Tage Gangdauer gebaut. Die Pendelhemmung gestattet eine robustere Ausführung und eine genauere Regulierung — es werden gewöhnlich Kompensationspendel verwendet —, sie ist jedoch etwas teurer und erfordert eine genau senkrechte Montage, welche durch ein im Gehäuse eingebautes Pendel mit Kennmarken erleichtert wird. Gemeinsam allen Schaltuhren ist die 24-Stunden-Scheibe, die sich am Tag einmal umdreht. Die Nachtstunden von 18—6 Uhr werden durch ein schwarzes Markierband gekennzeichnet. Längs des Umfanges dieser Zeitscheibe können vier Hebel gedreht werden, die ihrer Bezeichnung entsprechend die Kontakte für den Ein- und Ausschaltungsstrom des im Zähler untergebrachten Umschaltrelais betätigen. Es können somit täglich zwei Einschaltungen und zwei Ausschaltungen vorgenommen werden, was dann vorkommt, wenn außer der Heizung bei Nacht auch tagsüber eine solche vom Elektrizitätswerk zugelassen wird, beispielsweise in der Mittagszeit von $^1/_2$12 bis $^1/_2$14 Uhr.

Abb. 69.
Schaltuhr mit elektrischem Aufzug.

Abb. 70. Schaltuhr mit Handaufzug.

Die Schaltuhren mit elektrischem Aufzug besitzen einen kleinen Ferrarismotor, der über eine mehrfache Räderübersetzung eine Feder aufzieht (Abb. 69). Die Ferrarisscheibe wird von einer Bremsvorrichtung freigegeben, wenn die Spannung der Feder ein gewisses Mindestmaß unterschreitet, das zum Gang der Uhr nötig ist, und erst wieder gebremst, wenn die Feder voll aufgezogen ist. Dieser Vorgang wiederholt sich periodisch. Bleibt durch eine Störung oder Abschaltung der Strom aus, so läuft das Uhrwerk noch etwa 2—3 Tage, und beim Wiedereinsetzen der Stromspannung zieht sich die Feder wieder voll auf; diesmal aber läuft der Ferrarismotor etwas länger als normalerweise. Die Schaltuhr mit elektrischem Aufzug wird mit dem Doppeltarifzähler mit drei Leitungen verbunden, über die der Strom für den Aufzugmotor und der Relaisstrom fließt. Die Abb. 70 zeigt den Blick in eine Schaltuhr mit Handaufzug. Der Aufzugschlüssel wird, ohne die Plombe verletzten zu müssen, auf den Vierkant, auf dessen Achse sich das sägezähneartige Aufzugsrad befindet, aufgesteckt. Das ziemlich klobige Pendel wird für den Transport der Schaltuhr mit der im Bilde sichtbaren Klemmschraube fixiert, da sonst die Uhr Schaden nimmt. Die Schaltuhren mit Handaufzug werden mit dem Doppeltarifzähler nur durch zwei Leitungen verbunden, das sie nur für das Umschalterelais am Zähler den Stromkreis zu schließen haben.

Abb. 71. Schaltuhr mit Handaufzug und Verstellung der Schaltzeiten von außen.

Abb. 72. Schaltuhr mit elektrischem Aufzug und Verstellung der Schaltzeiten von außen.

Wenn in den Schaltuhren noch weitere Hilfskontakte angebracht werden, so können sie auch zur Steuerung von Sperrschaltern verwendet werden (sogenannte kombinierte Schaltuhren).

Zwei Schaltuhren, die die Einstellung der Schaltzeit durch den Konsumenten von außen innerhalb der Zeitgrenzen, die das Elektrizitätswerk zuläßt (gewöhnlich 22—6 Uhr), erlauben, sind in den Abb. 71 und 72 dargestellt. Diese Schaltuhren finden Verwendung, wenn der Heißwasserbedarf an den verschiedenen Tagen der Woche wechselt. (Fabrikat Landis & Gyr.)

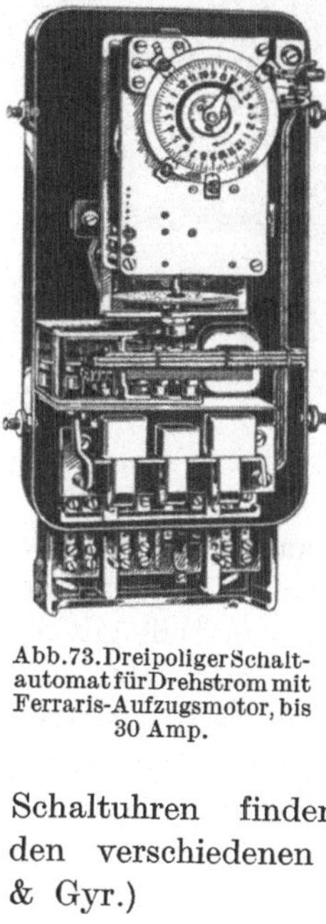

Abb. 73. Dreipoliger Schaltautomat für Drehstrom mit Ferraris-Aufzugsmotor, bis 30 Amp.

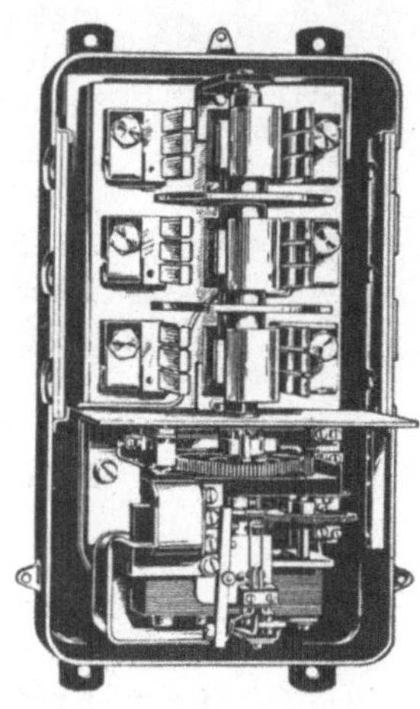

Abb. 74. Dreipoliger Schalterautomat für Drehstrom mit Ferraris-Aufzugsmotor, bis 100 Amp.

## 8. Schaltautomaten

dienen zur selbsttätigen Ein- und Ausschaltung des Stromes und sind in Verbindung mit der Schaltuhr bzw. dem Temperaturregler zu verwenden. Wenn der Temperaturschalter infolge Abkühlung des Speicherinhaltes seine Kontakte schließt und die Schaltuhr am Beginn der Nachtstromzeit (gewöhnlich 22 Uhr) einschaltet, so wird im Schaltautomaten ein Magnet erregt, der den Heizstrom einschaltet. Bei größeren Stromstärken ist ein starker Magnet notwendig und dementsprechend sind auch ziemlich große Stromstöße die Folge. Es wurden daher Konstruktionen geschaffen, bei welchen durch den Stromimpuls der Schaltuhr zunächst ein kleiner Ferrarismotor anläuft und eine starke Feder anspannt, die dann ihrerseits die Schaltmesser mit einem Ruck einlegt. Dieses Federspannen dauert 30—120 Sekunden. Am Ende der Heizperiode bzw. bei Erreichung der Endtemperatur des Speicherinhaltes wird durch einen zweiten Stromimpuls der Schalter des Automaten geöffnet. In der Abb. 73 ist das Ferraris-Laufwerk dieses Aufzugsmotors zu erkennen. Bei Ausführungen bis etwa 30 Ampere genügen kalottenförmige Druckkontakte, sogenannte Tastschalter, während bei Schaltautomaten bis 100 Ampere schon schwere Walzenschalter verwendet werden (Abb. 74).

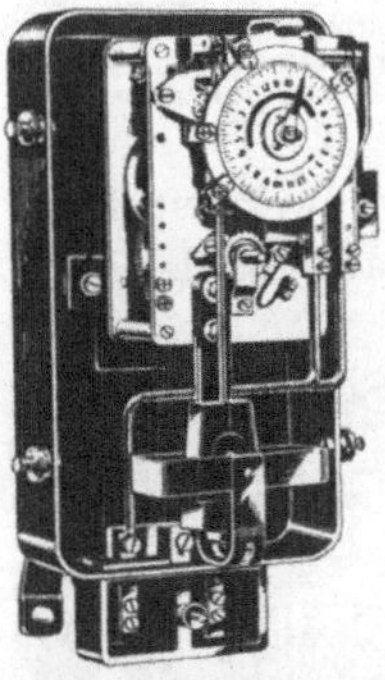

Abb. 75. Einpoliger Zeitschalter mit Pendelhemmung für Handaufzug.

Abb. 76. Dreipoliger Zeitschalter mit Unruhehemmung und elektrischem Aufzug.

## 9. Zeitschalter

stellen eine Verbindung der Schaltuhr mit dem Schaltautomaten vor. dementsprechend bestehen sie aus dem Uhrwerk, der Zeitscheibe und Dem Schalter mit seinem Schaltwerk; für diese einzelnen Teile gilt das in den Abschnitten 7 und 8 Gesagte. Gegenüber der getrennten Ausführung von Schaltuhr und Schaltautomat verdienen sie den Vorzug, weil sie auf der Anlage weniger Platz benötigen und in der Anschaffung und Erhaltung billiger sind. Die Ausführung eines einpoligen Zeitschalters für maximal 10 Ampere zeigt die Abb. 75, während ein dreipoliger Zeitschalter in Abb. 76 dargestellt ist. Dem System nach finden sich

Ausführungen für Hand- und für elektrischen Aufzug, ferner mit Pendel- und Unruhehemmungen in ihren verschiedenen Kombinationen auf dem Markt.

Schließlich sei noch die Gruppen- oder Stufenschaltung der Heizkörper größerer Heißwasserspeicher erwähnt, für welche viele Elektrizitätswerke die stufenweise Ein- und Ausschaltung der Heizkörper vorschreiben, einerseits um plötzliche größere Belastungsänderungen in der Zentrale zu vermeiden und andererseits, um große Spannungsschwan-

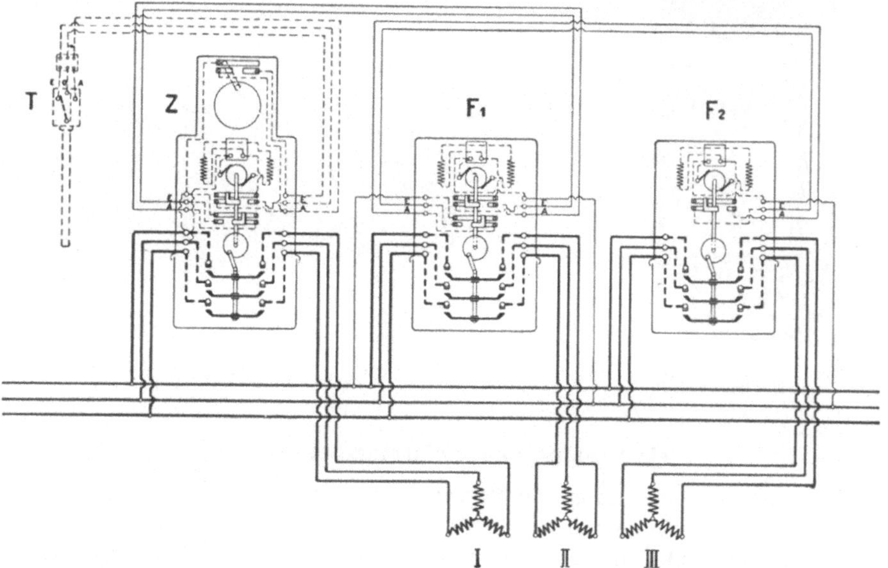


Abb. 77. Gruppenweise Zu- und Abschaltung der einzelnen Heizkörper eines Großspeichers.

kungen im Verteilnetz, wie sie durch den Spannungsabfall beim plötzlichen Einschalten großer Leistungen entstehen, möglichst zu beschränken (z. B. Städtische Elektrizitätswerke Wien, bei Leistungsaufnahme des Heißwasserspeichers von 5 bzw. 10 kW). In einem solchen Falle werden die Heizelemente des Apparates in zwei oder mehr Gruppen unterteilt, die nicht mehr gleichzeitig, sondern in Zeitabständen von 20 bis 60 Sekunden ein- bzw. ausgeschaltet werden. Zum Schalten jeder Gruppe ist ein eigener Schaltautomat nötig, wie aus Abb. 77, die die ganze Schaltung für zwei Gruppen zeigt, zu ersehen ist. Da diese Schaltapparate nur elektrisch miteinander gekuppelt sind, kann die Anzahl der Gruppen nach Bedarf beliebig vergrößert werden.

## 10. Drehstromzähler mit Maximumzeiger.

Der Drehstromzähler mit Maximumzeiger wird in Anlagen mit Haushalt-(Gebühren-)Tarif verwendet und zeigt außer den verbrauchten

Kilowattstunden auch noch den höchsten Mittelwert der kW-Belastung (also nicht den effektiven Momentanhöchstwert) während einer bestimmten Zeitperiode an, z. B. während einer viertel bzw. halben Stunde. Dies wird dadurch erreicht, daß das — im übrigen normale — Drehstromzählwerk einen Mitnehmer antreibt, der alle viertel bzw. halbe Stunden in seine Nullstellung zurückschnellt und in seiner höchsten Stellung einen Schleppzeiger zurückläßt (Abb. 78). Hierdurch wird die Arbeitsfläche unter der Leistungslinie sozusagen planimetriert (Abb. 79).

Abb. 78. Drehstromzähler mit Maximumzeiger.

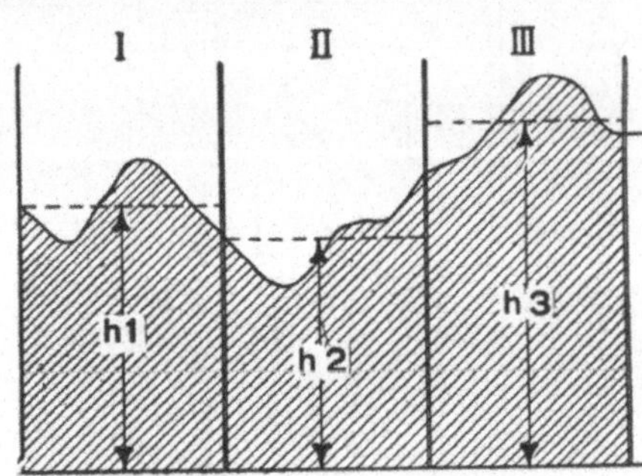


Abb. 79. Diagramm für die Wirkungsweise des Zählers mit Maximumzeiger.

## 11. Strom- und Leistungsbegrenzer

werden bei Verrechnung von Pauschaltarifen zur Eingrenzung der zwischen dem Konsumenten und dem Elektrizitätswerk vereinbarten Stromstärke verwendet, die bei der induktionsfreien Belastung der Wärmegeräte gleichzeitig auch ein Maß der Leistung ist (Leistung = Stromstärke × Spannung). Diese Apparate werden entweder von einer elektromagnetischen Auslösung betätigt, die vom Arbeitsstrom beeinflußt wird, oder der Arbeitsstrom erwärmt eine Heizspule, die einen Bimetallstreifen verschieden stark krümmt und damit die Stromunterbrechung bewirkt. Manchmal werden beide Systeme kombiniert, so daß rasche Leistungs- bzw. Stromstöße den elektromagnetischen, langsam wachsende Leistungsveränderungen den thermischen Auslösemechanismus betätigen.

Als Vertreter der elektromagnetischen Auslöser sind auch die sogenannten Kleinautomaten anzusprechen, die heute von zahlreichen Firmen ausgeführt werden und am besten Wege sind, die Schmelzsicherungen zu verdrängen. Die Ausführung der SSW. zeigt die Abb. 80 in Ansicht. Nach Eintritt des Leistungsstoßes bzw. der Stromüberschreitung schaltet der Automat aus, was gewöhnlich von außen an einer Kennmarke ersichtlich gemacht wird, so auch bei dem abgebildeten AEG-Automaten. (Es ist dies die unterhalb des kleinen kreisrunden Glasfensterchens am

Drehpunkt des Hebels sichtbare Strichmarke auf weißem Grund; sie springt bei Auslösung in eine etwa um 90° gedrehte Stellung.) Wenn die Ursache der Leistungsüberschreitung nicht mehr besteht, so kann der Strom durch einfaches Drehen des Hebels wieder eingeschaltet werden,

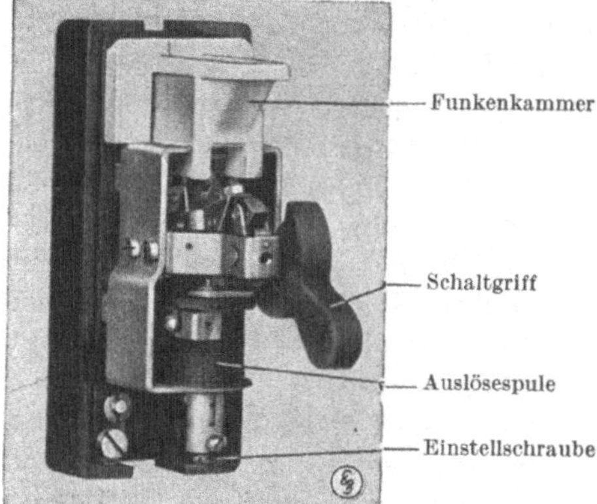


Abb. 80. Kleinautomat als Strombegrenzer (links geschlossen, rechts Deckkappe abgenommen).

andernfalls erfolgt neuerliche Auslösung. Die Geräte sind sehr billig, aber sie gestatten keine sehr genaue Einstellung der Auslösestromstärke, da der Auslösestrom durchschnittlich etwa 50% höher ist als der Dauer-(Nenn)-Strom; immerhin aber genügen sie vielfach als Strombegrenzer für Stromstärken bis 10—15 Ampere.

Die thermischen Strombegrenzer sind in der zu begrenzenden Stromstärke viel genauer einstellbar und bewirken bei Überschreitung der eingestellten Stromstärke ein abwechselndes Aus- und Wiedereinschalten, da nach der Unterbrechung eine Abkühlung der Heizspule, eine Rückbiegung des vorerwähnten Bimetallstreifens und damit der neuerliche Kontaktschluß erfolgt, dem allerdings bei Fortbestehen der Überlastung nach ganz kurzer Zeit wieder eine Abschaltung folgt. Eine sehr sorgfältige Konstruktion eines derartigen thermischen Strombegrenzers ist die der Jacobsens Elektriske Verksted, Oslo, deren Schaltungsschema für Stromstärken bis 10 Ampere in der Abb. 81 und bis 35 Ampere in der Abb. 82 dargestellt ist.

Abb. 81. Schaltschema eines thermischen Strombegrenzers bis 10 Amp. (Jacobsen's Elektriske Verksted, Oslo.)

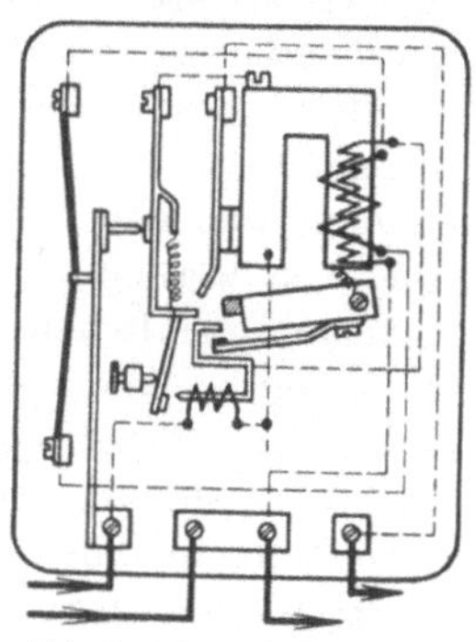

Abb. 82. Schaltschema eines thermischen Strombegrenzers bis 35 Amp. (Jacobsen's Elektriske Verksted, Oslo.)

Der Einstellbereich dieser Strombegrenzer ist ein sehr großer, nämlich bei Type 0 von 0,2—1 Ampere, Type 1 von 0,5—3,75 Ampere und Type 2 von 2—10 Ampere, was für das Elektrizitätswerk den Vorteil der geringen Lagerhaltung und — im Falle einer Veränderung — den des einfachen Überganges von einer Pauschalleistung auf eine höhere oder tiefere hat.

Werden in der Anlage des Konsumenten außer den rein induktionsfreien Verbrauchern (den Heißwasserspeichern, Heiz- und Kochgeräten und Glühlampen) aber auch induktive Geräte (Motoren usw.) verwendet, so wird für die Pauschalierung nicht mehr der Strombegrenzer genügen, da er eigentlich in diesem Falle nur die Scheinleistung, die kVA, begrenzt. Soll der Begrenzer eventuell in Verbindung mit einem einfachen Kilowattstundenzähler als Grundlage für eine Verrechnung nach einem Gebührentarif mit hoher Leistungs-(Kilowatt-)Gebühr und niederer Arbeits-(Kilowattstunden-)Gebühr genommen werden, so reichen derartige Strombegrenzer nicht mehr aus und es müssen an ihre Stelle Leistungsbegrenzer treten, die nach dem wattmetrischen Prinzip arbeiten. Die Einrichtung eines derartigen Gerätes ist ähnlich dem eines Drehstrom-Drei- oder Vierleiterzählers, jedoch wird das von den Strom- und Spannungsspulen in der Ferrarisscheibe erzeugte Drehmoment nicht zum Umlauf eines Zählsystemes verwendet, sondern in Gegenspannung zu einer justierbaren Feder auf ein Schalthebelwerk übertragen, das bei einer bestimmten Winkeldrehung ausschaltet, die dem der Leistung entsprechenden Drehmoment proportional ist.

Alle vorbeschriebenen Zähler und Schaltgeräte sind durch die langjährige Entwicklung derartig vervollkommnet worden, daß ihre Verwendung unbedenklich ist und zu relativ sehr wenigen Störungen Anlaß gibt. Sie werden gewöhnlich vom Elektrizitätswerk unter Plombenverschluß gehalten und unterliegen in Österreich den gesetzlichen Bestimmungen, die einen Fehlgang von $\pm$ 4% — die sogenannte Toleranz — zulassen. Ergeben sich Bedenken gegen die Richtigkeit der Angaben der Zähler, so haben sowohl die Elektrizitätswerke, als auch der Abnehmer das Recht, eine Nacheichung zu verlangen; die Werke sehen in ihren Stromlieferungsbedingungen gewöhnlich vor, daß derjenige Teil die Kosten der Nacheichung zu tragen hat, der zu Unrecht die Zählerangaben bezweifelt hat.

Die Beschreibung der Geräte kann nicht Anspruch auf Vollständigkeit erheben, da es noch eine Reihe anderer Ausführungen gibt, die jedoch über den Rahmen der Arbeit hinausgehen.

## Meß- und Steuerschaltungen für einen und mehrere Heißwasserspeicher.

EZ = Einphasenzähler
DZ = Drehstrom-(Dreiphasen-)Zähler
DVZ = Drehstrom-Vierleiter-Zähler
HE = Heizelement
SA = Schaltautomat
Sch = Schalter
Si = Sicherung
Sp = Heißwasserspeicher
SU = Schaltuhr
TR = Temperaturregler
TS = Temperaturschalter
ZS = Zeitschalter.

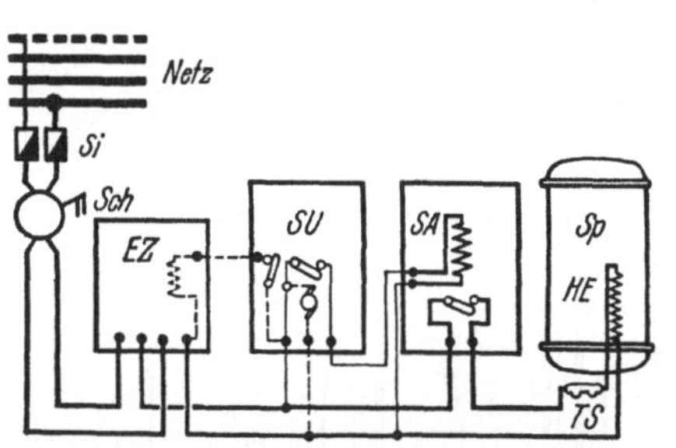

Abb. 83. Einphasige Speicherschaltung mit Zähler, Schaltuhr und Schaltautomat. (Kommt selten vor wegen der hohen Meßapparatekosten.)

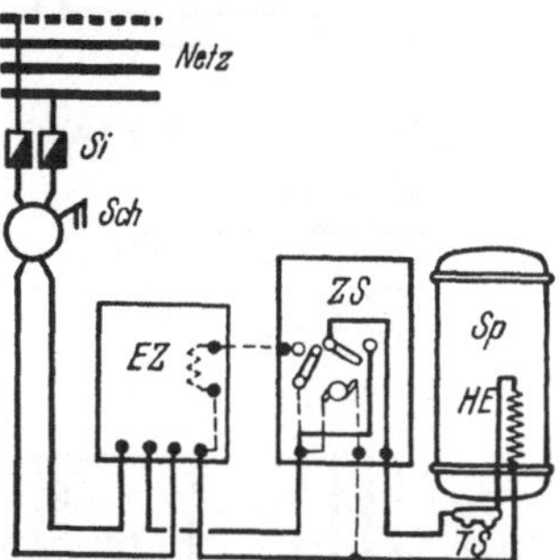

Abb. 84. Einphasige Speicherschaltung mit Zähler und Zeitschalter.

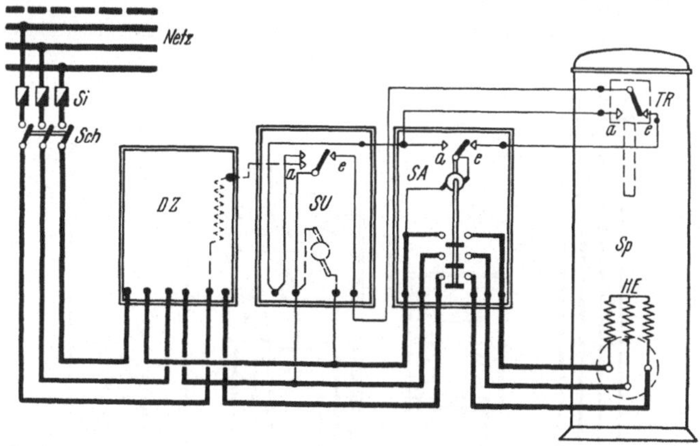

Abb. 85. Dreiphasige Speicherschaltung mit Drehstromzähler, Schaltuhr und Schaltautomat.

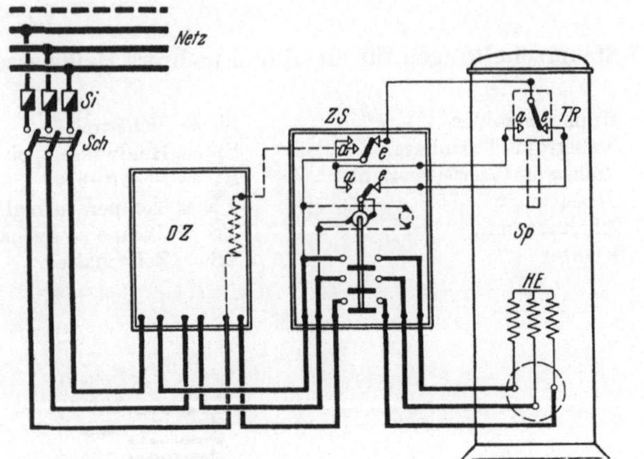


Abb. 86. Dreiphasige Speicherschaltung mit Drehstromzähler und Zeitschalter.

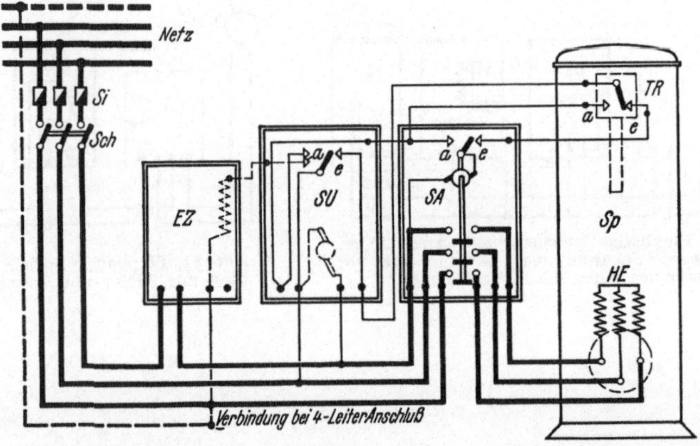


Abb. 87. Vereinfachte Messung eines Drehstromspeichers mit Einphasenzähler, Schaltuhr und Schaltautomat.

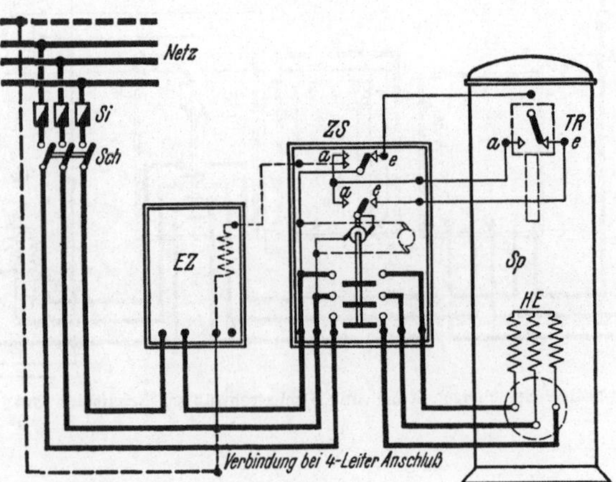


Abb. 88. Vereinfachte Messung eines Drehstromspeichers mit Einphasenzähler und Zeitschalter.

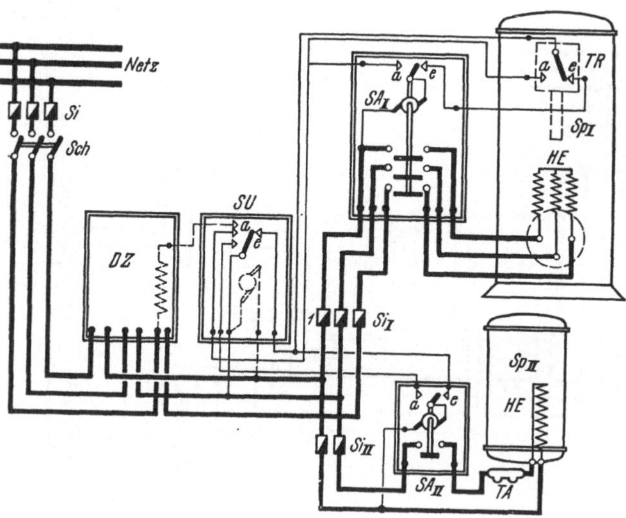


Abb. 89. Meßschaltung für 2 Speicher in einem Drehstrom-Dreileiternetz mit Drehstrom-Zähler, Schaltuhr und 2 Schaltautomaten.

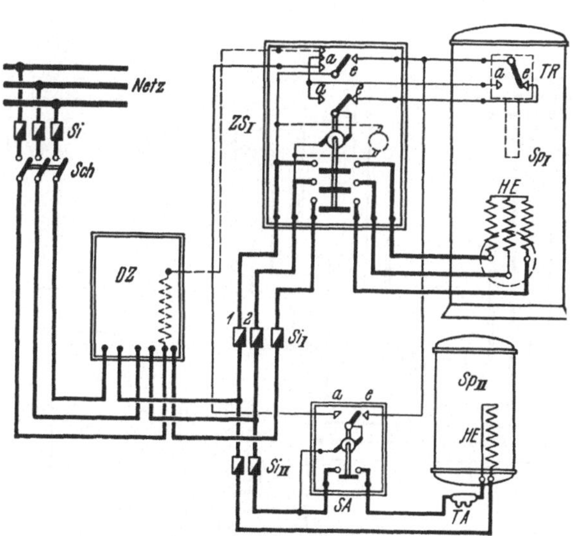


Abb. 90. Meßschaltung für 2 Speicher in einem Drehstrom-Dreileiternetz mit Drehstrom-Zähler, Zeitschalter und Schaltautomat.

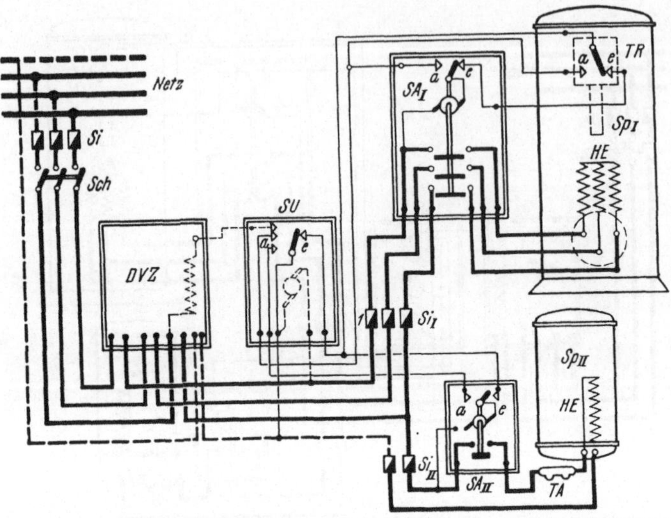


Abb. 91. Drehstrom-Vierleiteranschluß von 2 Speichern mit einem Vierleiterzähler, einer Schaltuhr und 2 Schaltautomaten.

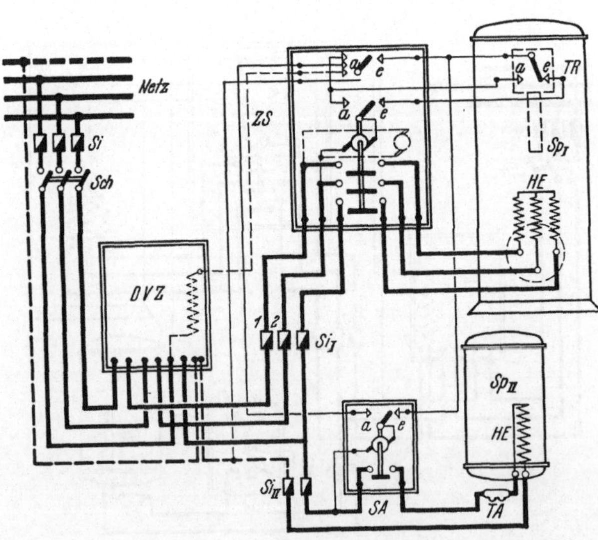


Abb. 92. Drehstrom-Vierleiteranschluß von 2 Speichern mit einem Vierleiterzähler, einem Zeitschalter und einem Schaltautomaten.

# C. Tarifsysteme und zugehörige Schaltungen.

## 1. Einfacher Nachtstromtarif.

Beim einfachen Nachtstromtarif verrechnet das Elektrizitätswerk für jede Nachtstromkilowattstunde einen festen Kilowattstundenpreis, und zwar auf Grund der Angabe eines Nachtstrommeßsatzes, der entweder aus Zähler mit Schaltuhr und Schaltautomat oder aus Zähler mit Zeitschalter besteht. Je nachdem, ob der Speicher ein- oder dreiphasig angeschlossen ist, ergeben sich die Schaltungen Abb. 83 bis 92, und zwar zeigt die

Abb. 83: Einphasige Speicherschaltung mit Zähler, Schaltuhr und Schaltautomat,

Abb. 84: Einphasige Speicherschaltung mit Zähler und Zeitschalter,

Abb. 85: Drehstromspeicher mit Zähler, Schaltuhr und Schaltautomat,

Abb. 86: Drehstromspeicher mit Zähler und Zeitschalter,

Abb. 87: Vereinfachte Messung eines Drehstromspeichers mit Einphasenzähler, Schaltuhr und Schaltautomat,

Abb. 88: Vereinfachte Messung eines Drehstromspeichers mit Einphasenzähler auf Zeitschalter,

Abb. 89: Meßschaltung für zwei Speicher in einem Drehstrom-Drei-Leiter-Netz mit Zähler, Schaltuhr und Schaltautomat,

Abb. 90: Meßschaltung für zwei Speicher in einem Drehstrom-Drei-Leiter-Netz mit Zähler und Zeitschalter und Schaltautomat,

Abb. 91: Meßschaltung für zwei Speicher in einem Drehstrom-Vier-Leiter-Netz mit Zähler, Schaltuhr und zwei Schaltautomaten,

Abb. 92: Meßschaltung für zwei Speicher in einem Drehstrom-Vier-Leiter-Netz mit Zähler, Zeitschalter und Schaltautomat.

Aus den Schaltbildern ist zu ersehen, daß die Messung mit Zähler und Zeitschalter eine einfachere Apparatur erfordert, daher billiger ist und geringere Mietesätze ergibt. Sie ist jedoch bei großen Speichern weniger empfehlenswert als die Messung mit Zähler, Schaltuhr und Schaltautomat, weil der Austausch schadhaft gewordener Elemente leichter möglich ist, den Betrieb nur kürzere Zeit stört und überdies in einfacher Weise die Verbindung des im Speicher eingebauten Temperaturreglers mit dem robusten Schaltautomaten gestattet. Die zur Schaltung notwendigen Einzelgeräte sind im Abschnitt B beschrieben.

Zu den Schaltbildern 89 und 91 ist zu bemerken, daß der Sicherungsgruppe $Si_I$ ein besonderes Augenmerk zuzuwenden ist:

Durch Herausschrauben oder Durchbrennen der mit 1 bezeichneten Sicherung $Si_I$ im eingeschalteten Zustand des Speichers ist der Sicherungsschutz desselben gefährdet, da dann der Schaltautomat $SA_I$ außer Funktion gesetzt ist und der Speicher $Sp_I$ ständig mit zwei Phasen weiterheizt.

In den Schaltungen nach Abb. 90 und 92 gilt für die Sicherungen *1* und *2* dasselbe, nur daß bei Nichtfunktion der Sicherung *1* hier noch die

Möglichkeit besteht, daß die Doppeltarifumschaltung nicht erfolgt und der Speicher ständig mit den restlichen zwei Phasen zum Niedertarif weiterheizt.

Der für den Konsumenten, jedoch auch für das Lieferwerk gleichermaßen, erhöhten Bedeutung der Sicherungen $Si_I$ wird am besten in der Weise Rechnung getragen, daß das stromliefernde Werk an dieser Stelle plombierbare Sicherungen vorschreibt und sie etwas überdimensioniert, so daß ein Durchbrennen vermieden wird. Im Falle die Leistung des Standspeichers $Sp_I$ gegenüber dem kleinen Speicher $Sp_{II}$ sehr groß ist, wird eventuell auf die Sicherungsgruppe $Si_I$ verzichtet werden, da ja dann ein hinlänglicher Schutz durch die Hauptsicherungsgruppe $Si$ gewährleistet ist.

## 2. Doppeltarif.

Der Doppeltarif findet bei jenen Speichern Verwendung, die gelegentlich auch außerhalb der Nachtstromzeit eine Tageszusatz-Heizung erfordern, z. B. bei Friseuren, die an gewissen Tagen der Woche einen gesteigerten Kundenbesuch und daher auch einen gesteigerten Wasserverbrauch haben, der in der vom Elektrizitätswerk festgesetzten Nachtstromzeit selbst unter Hinzuziehung der manchmal tariflich begünstigten Mittagszeit nicht hergesetllt werden kann. Wenn in diesem Fall kein Sparboiler gewählt wird, ist es wirtschaftlicher, mit Tag-(Kraft-)Strom nachzuheizen, als einen Speicher größerer Type durch viele Tage des Monates schlecht auszunützen.

In diesen Betriebsfällen kommen die gleichen Schaltungen wie in den Abb. 83, 85, 87, 89 und 91 zur Anwendung, nur tritt an Stelle des Einfachtarifzählers ein Doppeltarifzähler und von der Schaltuhr ist noch eine Steuerleitung zum Zähler zu verlegen, über welche das im Zähler eingebaute elektrische Umschaltrelais von Nacht- und Tagtarif betätigt wird. (In den Abbildungen gestrichelt angedeutet.) Es gibt aber auch Konstruktionen von Zeitschaltern, die mit einem Hilfskontakt für die Relaisumschaltung des Doppeltarifzählers eingerichtet sind, so daß auch die Schaltbilder 84, 86, 88, 90 und 92 verwendet werden können. In den Abb. 83 bis 92 ist durch die strichlierten Leitungen der Fall der Doppeltarifmessung veranschaulicht.

Bei der Doppeltarifschaltung muß jedoch der Konsument die Bedienung des Hauptschalters einigermaßen sorgfältig vornehmen, weil er sonst mehr Tagstromheizung erhält, als vielleicht notwendig und unnötig große Stromrechnungen zu bezahlen hat.

## 3. Pauschaltarif.

Dieser einfache Tarif, der heute noch in den skandinavischen Ländern sehr verbreitet ist und auch in Deutschland und Österreich gelegentlich angewendet wird, erlaubt dem Abnehmer für eine bestimmte Pauschalzahlung eine gewisse Leistung in Kilowatt während des ganzen Tages zu verwenden, und es bleibt seiner Einteilung überlassen, ob er das Pauschale gut ausnützt und daher auf niedrige Durchschnittsstromkosten kommt oder nicht. In diesem einfachsten Fall der Stromverrechnung erhält der Abnehmer lediglich einen sogenannten Strombegrenzer (richtiger Leistungsbegrenzer) und zu jedem Gerät, auch dem Heißwasserspeicher, einen Schalter, und er kann bei diesem Tarif den Heißwasserspeicher auch bei Tag einschalten, wenn er hierdurch seine Pauschalgrenze nicht überschreitet. — Da auf diese Weise gerade im Haushalt oft mehr als acht Stunden Heizzeit (z. B. 12 oder 14 Stunden) eintreten, ist es möglich, entweder dem Speicher mehr Wasser zu entnehmen (z. B. $\frac{12}{8}$ oder $\frac{14}{8}$ mal soviel) oder ihn, wenn dieser Mehrbedarf nicht da ist, von vornherein entsprechend kleiner zu bemessen (z. B. $\frac{8}{12}$ oder $\frac{8}{14}$ mal so groß). Ein Schaltschema einer reinen Pauschalanlage mit verschiedenen elektrischen Verbrauchsgeräten zeigt die Abb. 93.

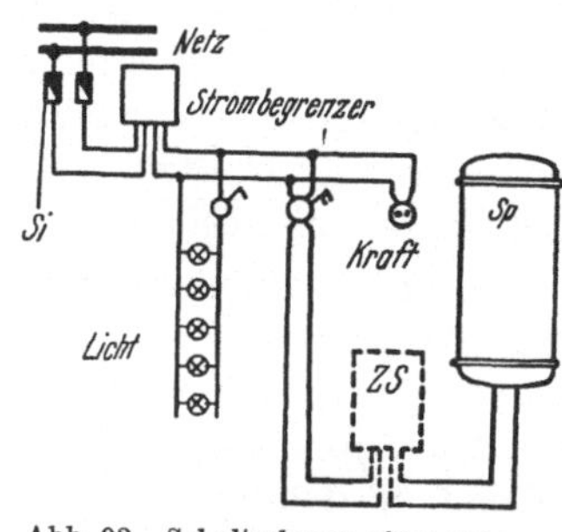

Abb. 93. Schaltschema einer reinen Pauschalanlage.

Ein besonderer Fall des Pauschaltarifes ist das Nachtstrompauschale für Heißwasserspeicher, bei welchem der zeitlichen Eingrenzung des Strombezuges wegen ein Zeitschalter bzw. bei größeren Ausführungen ein Schaltautomat mit Schaltuhr eingebaut werden muß. Die Pauschalierung wird deshalb gern vorgenommen, weil der Zähler dabei entbehrlich ist und in Österreich auch deshalb, weil die Landeselektrizitätsabgabe in günstiger Weise ebenfalls pauschaliert werden kann. Während nämlich bei der Zählerverrechnung die Elektrizitätsabgabe pro Kilowattstunde verrechnet wird, also bei Vollausnützung des Speichers für etwa 240 Stunden im Monat, werden der Pauschalierung der Abgabe nur 50 monatliche Benützungsstunden (die gleiche Anzahl wie bei Wärmegeräten) zugrundegelegt. Die Schaltungen für Speicher mit Pauschaltarifverrechnung sind die gleichen wie in den Abb. 83 bis 92, nur entfällt der Zähler. Die Montage eines Strombegrenzers ist nicht notwendig, weil ja der Zeitschalter mit dem Speicher durch Rohrmontage der Verbindungsleitungen fest verbunden und daher eine übermäßige Entnahme nicht möglich ist. In Anbetracht der geringen Wertigkeit des Nachtstromes genügt es, der Pauschalierung den vom Lieferwerk des Speichers angegebenen Anschlußwert zugrunde zu legen, wobei sich allerdings eine fallweise Kontrolle bei der ersten Einschaltung empfiehlt, da gelegentlich auch Abweichungen der Anschlußleistung von mehr als 5% vorkommen.

Da es manchmal unerwünscht ist, den Konsumenten in seinem Strombezug nur bis zu der vereinbarten Pauschalleistung festzulegen, es vielmehr erwünscht ist, ihm gegen Mehrverrechnung auch elektrische Arbeit über die Pauschalleistung hinaus zu liefern, werden die im Punkte 11 erwähnten Strombegrenzer auch derart ausgeführt, daß sie bei Überschreitung der Pauschalleistung das Hochtarifzählwerk eines Doppeltarifzählers einschalten, was dann gewöhnlich durch ein Glocken- oder Lichtsignal angezeigt wird.

Die Pauschalpreissätze der Elektrizitätswerke sind gewöhnlich ziemlich hoch, da ja das Werk mit einer 2900stündigen Ausnützung der Pauschalleistung rechnen und dabei noch das Auslangen finden muß. Nützt der Konsument hingegen einen derartigen Tarif schlecht aus, so gelangt er dadurch zu einem relativ hohen Kilowattstunden-Durchschnittspreis und wird unzufrieden. Der Pauschaltarif hat sich daher auch in Mitteleuropa mit seiner teuren (überwiegend kalorischen) Stromerzeugung nicht so gut einführen können, wie in den skandinavischen Ländern, wo billige Wasserkräfte zur Verfügung stehen und einen niederen Pauschalpreis zulassen.

## 4. Der Haushalt-(Grundgebühren-)Tarif

hingegen hat den Vorteil, sowohl dem Konsumenten für die gute Abnahme automatisch einen niederen Durchschnittspreis zu bringen, als auch dem Elektrizitätswerk die Einnahmen zu sichern, die es zur Erfüllung seiner volkswirtschaftlichen Aufgaben, zur ordnungsgemäßen Erhaltung und Weiterentwicklung seiner Anlagen braucht. Er entstand aus der logischen Zerlegung der Jahreserzeugungskosten in die festen und beweglichen Anteile. Der feste Anteil ist in der Hauptsache abhängig von dem in den Anlagen angelegten Kapital (das im großen und ganzen eine Funktion der Leistung in Kilowatt ist) und den fast gleichbleibenden Personal- und Erhaltungskosten, während der bewegliche Anteil im wesentlichen von der Erzeugung (in kWh) abhängt. Dementsprechend zerfällt nach dem Grundgebührentarif die Zahlung des Konsumenten auch in eine feste, die der von ihm in Anspruch genommenen Leistung entspricht, und entsprechend seiner Kilowattstundenzahl in eine bewegliche, die ungefähr den beweglichen Kosten des Werkes proportional ist. In der Abb. 94 ist für einen Grundgebührentarif von 150 RM. feste Grundgebühr für 1 kW Leistung und 7 Rpf. Arbeitsgebühr pro 1 kWh, sowie von 180 S feste Grundgebühr für 1 kW Leistung und 6 Groschen Arbeitsgebühr pro 1 kWh aufgezeichnet und es ist zu entnehmen, daß bei steigender Benützungsstundenzahl der Durchschnittsstrompreis automatisch absinkt. Bei diesem Tarif läuft das Interesse des Abnehmers mit dem des Werkes vollkommen parallel, nämlich mit einer möglichst kleinen Leistung eine große kWh-Menge abzunehmen (bzw. zu verkaufen), weshalb sich dieser Tarif auch mehr und mehr einführt.

Beim Grundgebühren-, auch Haushalttarif, ist es nun gerade durch Einstellung eines Heißwasserspeichers leicht möglich, die Abnahme zu

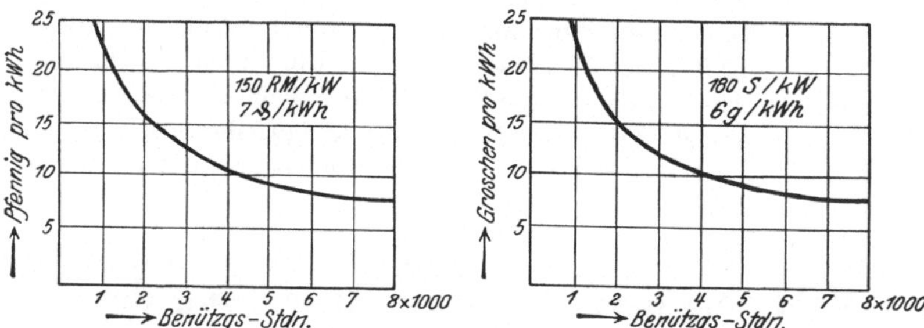


Abb. 94. Kilowattstundenpreis nach Grundgebührentarif bei verschiedenen Benutzungsstunden.

steigern, ohne dabei die Leistung zu erhöhen, da er einerseits durch rund 2400—3000 Stunden im Jahre im Betrieb ist und andererseits seine Leistung gerade in der Nacht benötigt, wo die übrigen Gebrauchsgeräte des Haushaltes gewünscht werden.

Die Grundgebühr wird von den einzelnen Elektrizitätswerken nach verschiedenen Grundsätzen bemessen. In vorwiegend städtischen Gebieten bemißt man sie nach der Anzahl der Räume (Raumtarif) oder Personen des Haushaltes, in landwirtschaftlichen Versorgungsgebieten nach der Grundfläche des Landwirtes (Morgen, Joch, Hektar) usw., während in Gebieten mit städtischen und landwirtschaftlichen Konsumenten die tatsächlich erreichte Höchstleistung des Abnehmers der Verrechnung der Grundgebühr zugrunde gelegt wird. In den beiden ersterwähnten Fällen wird zur Messung ein Einfachtarifzähler verwendet, während bei der letzterwähnten Verrechnungsart ein Zähler mit Maximumzeiger (Abb. 78) verwendet werden muß, der natürlich in der Anschaffung und daher auch in der mietweisen Beistellung teurer ist.

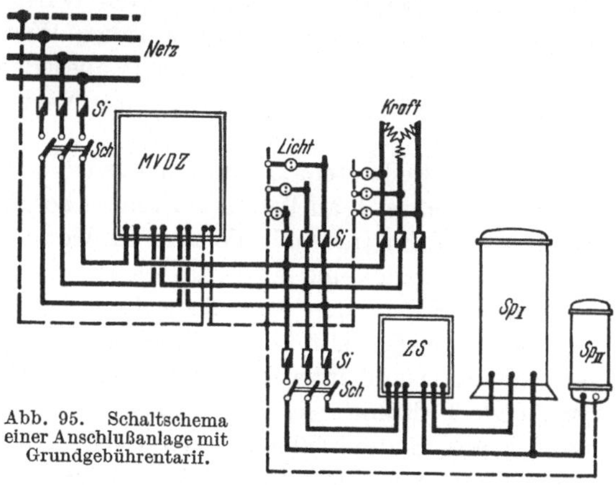


Abb. 95. Schaltschema einer Anschlußanlage mit Grundgebührentarif.

Die Schaltung ist daher sehr einfach und nach dem Schema der Abb. 95 auszuführen. Die Einschaltung des oder der Heißwasserspeicher kann dabei am einfachsten von Hand aus erfolgen, doch ist es aus Gründen der Bequemlichkeit praktisch, auch hier Zeitschalter einzubauen. Bei den beiden erstgenannten Bemessungsmethoden genügt ein einfacher Kilowattstundenzähler (je nach der Leistung der Anlage und den Vorschriften des Werkes wird er ein Einphasen-, Drehstrom- oder Vierleiterzähler sein), während bei der Grundgebührenverrechnung nach kW-Leistung ein Zähler mit Maximumzeiger (wieder nach Leistung und Werkvorschrift als Einphasen-, Drehstrom- oder Vierleiterzähler) verwendet wird.

# VIII. Die wirtschaftliche Bedeutung des Heißwasserspeichers.

Die stete Betriebsbereitschaft in Haushalt, Gewerbe und Industrie und die absolute Reinheit des vom Heißwasserspeicher gelieferten Wassers sowie nicht zuletzt seine Konkurrenzfähigkeit mit anderen modernen Heißwassererzeugungsmethoden (Gas, Kohle, Holz) hat ihm in den letzten drei Jahren überall einen überraschend schnellen Eingang verschafft. Auch die zunehmende Einführung der elektrischen Küche trägt viel dazu bei, da ein großer Teil des Wärmebedarfes in der Küche zur Erzeugung von heißem oder warmem Wasser benötigt wird. So finden wir denn auch in Ländern mit ausgedehnter Verwendung des elektrischen Kochherdes die relativ größte Verbreitung des Heißwasserspeichers.

An erster Stelle steht da unbestritten die Schweiz, die — arm an Kohle, dagegen reich an Wasserkräften — bereits seit langem die Elektrizität sowohl im Haushalt als auch im Gewerbe und in der Industrie reichlich verwendet und auch das elektrische Kochproblem praktisch gelöst hat. So standen mit Ende 1929 in der Schweiz etwa 86200 Heißwasserspeicher mit einem Anschlußwert von etwa 122000 kW in Verwendung. Durch intensive Aufklärung und Werbung sowie durch entsprechende Teilzahlungserleichterungen dürfte die Zahl der Heißwasserspeicher mit Ende 1930 auf etwa 100000 Stück bei einem Gesamtanschlußwert von rund 140000 kW steigen[1]. Bedenkt man, daß der Jahresverbrauch dieser 100000 Speicher etwa 420 Millionen kWh beträgt, so erhellt daraus die wirtschaftliche Bedeutung des Heißwasserspeichers im Haushalt der schweizerischen Elektrizitätswerke; wird die Nachtstromkilowattstunde nur mit durchschnittlich 5 Rappen bewertet,

[1] Die Zahlen verdanken die Verfasser der „Elektrowirtschaft“, Geschäftsstelle zur Förderung der Elektrizitätsverwertung, Zürich.

so erhöht das Speichergeschäft die Jahreseinnahmen der Elektrizitätswerke um den stattlichen Betrag von rund 21 Millionen schweizerischen Franken, wozu noch die günstige Auswirkung der Ausfüllung der Belastungstäler der Elektrizitätswerke hinzukommt. Aber auch für die übrige Volkswirtschaft der Schweiz hat die gute Entwicklung des Speichergeschäftes einen günstigen Einfluß: Wird doch alljährlich die Einfuhr von mindestens 1000 Waggon Kohle aus dem Auslande erspart, was sich wieder in der Handelsbilanz günstig auswirkt; last not least aber zieht daraus auch das Installateurgewerbe nicht unbeträchtliche Vorteile. Rechnet man nur 200 schweizerische Franken Anschaffungskosten und 80 schweizerische Franken für Anschluß und Zuleitung je Speicher, so warf das Speichergeschäft in der Schweiz dem Installateur-

Tabelle 4. Verbreitung des Heißwasserspeichers.

| Land bzw. Stadt | Anzahl etwa | Anschlußwert in kWh etwa | Jahresverbrauch in Mill. kWh etwa | Benützungsdauer in Std. etwa | Mill. Einwohner | Einwohner je 1 Speicher |
|---|---|---|---|---|---|---|
| Schweiz[1] Ende 1929 | 86 200 | 122 000 | — | — | 4,0 | 46,3 |
| „ 1930 | 100 000 | 140 000 | 420 | 3000 | | 40 |
| Deutsches Reich[2] 1930 | 30 000 | — | — | — | 64,0 | 2130 |
| Niederland[3] . . . 1930 | 38 900 | 29 500 | 53,7 | 1820 | 7,7 | 198 |
| Amsterdam[4] . . . 1930 | 16 072 | 15 350 | 31 | 2020 | 0,73 | 48,5 |
| Belgien[5] . . . . . . . | 1 000 | 1 500 | 2 | 1330 | 8,0 | 8000 |
| Österreich[6] . . . . . | 6 000 | 9 000 | — | — | 6,54 | 1090 |
| davon: | | | | | | |
| Wien[6] . . . . . . | 1 800 | 3 780 | 7,5 | 1990 | 1,86 | 1038 |
| Innsbruck[7] . . . . | 1 400 | 2 690 | 2,88 | 1070 | 0,058 | 41,3 |
| Linz a. D.[8] . . . . | 220 | 340 | 0,4 | 1200 | 0,108 | 490 |
| Graz[9] . . . . . . | 174 | 227 | 0,16 | 700 | 0,200 | 1150 |
| Salzburg[10] . . . . . | 163 | 258 | 0,66 | 2450 | 0,038 | 233 |
| Paris[11] . . . . . . . | Keine nennenswerte Verbreitung, da erst im Studium begriffen | | | | | |
| Schweden[12] . . . . . | Keine größere Verbreitung, da keine wirklich geeigneten Tarife vorhanden | | | | | |

[1] Mitgeteilt von der „Elektrowirtschaft“, Geschäftsstelle zur Förderung der Elektrizitätsverwertung, Zürich. [2] Mitgeteilt von der Vereinigung der Elektrizitätswerke E. V., Berlin, und Zeitschrift „Der Werbeleiter“ 1929, Heft 5 u. 6 (Mörtzsch „Einführung der Elektrowärme im Haushalt und Gewerbe“). [3] Mitgeteilt von der Vereenigung van Directeuren van Electriciteitsbedrijven in Nederland, Arnhem. [4] Mitgeteilt von der Gemeente-Electriciteitswerken, Amsterdam. [5] Mitgeteilt von der „Union des Exploitations Electriques en Belgique“, Brüssel. [6] Mitgeteilt von Ing. Julius Opacki, Wien. [7] Mitgeteilt vom Elektrizitätswerk Innsbruck. [8] Mitgeteilt von der Elektrizitäts- und Straßenbahngesellschaft, Linz. [9] Mitgeteilt von den Städt. Gas- und Elektrizitätswerken, Graz. [10] Mitgeteilt vom Elektrizitätswerk Salzburg. [11] Mitgeteilt von „Apel, Société pour le développement des applications de l'électricité“, Paris. [12] Mitgeteilt von der „Svenska Vattenkraftföreningen“, Stockholm.

gewerbe und der Elektroindustrie den Betrag von 28 Mill. schweizerischen Franken ab, was aber eher zu niedrig als zu hoch bewertet ist. Allerdings hängt der große Aufschwung des Speichergeschäftes in der Schweiz mit dem Vorhandensein von Druckwasseranlagen oder Leitungen auch im kleinsten Gehöft und mit der außerordentlich günstigen wirtschaftlichen Lage des Schweizer Volkes zusammen, das sich eben in 100000 Haushaltungen eine einmalige Auslage von niedrig geschätzt 280 schweizerischen Franken und eine fortlaufende Stromzahlung von durchschnittlich 168 schweizerische Franken im Jahr leisten kann, was leider für andere europäische Länder nicht im gleichen Maße zutrifft. So sehen wir denn auch aus der vorstehenden Tabelle, daß andere Länder bzw. Städte Europas, für die Angaben beschafft werden konnten, in großem Abstand hinter der Schweiz zurückbleiben.

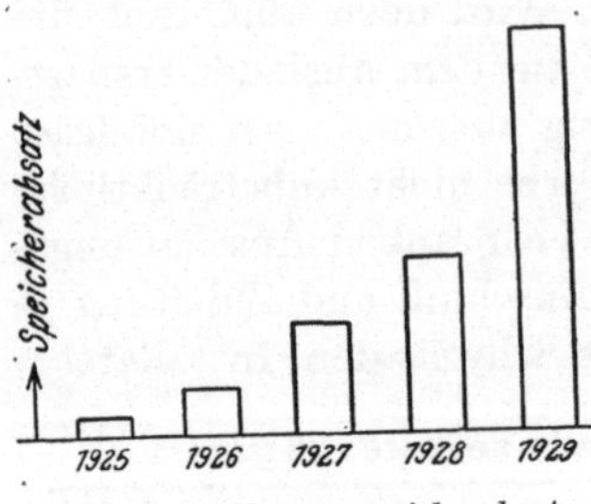

Abb. 96. Heißwasserspeicherabsatz einer deutschen Großfirma.

Daß dieser Teil des Elektrogeschäftes auch in anderen Ländern die ihm zukommende Beachtung findet, geht aus der Abb. 96 hervor, die den Anstieg des Speicherabsatzes einer deutschen Großfirma zeigt, und es bleibt zu hoffen, daß dem Heißwasserspeicher auch in den Ländern geringeren Wohlstandes eine gleichgroße Verbreitung wie in der Schweiz beschieden ist.

# IX. Schlußwort.

Wenn die Ausführungen dieser Arbeit an manchen Stellen sehr in die Einzelheiten eingehen mußten, so war hierfür die Fülle der ungünstigen Erfahrungen maßgebend, die heute noch die Besitzer elektrischer Heißwasserspeicher und die Elektrizitätswerke als deren nahestehende Berater machen und nicht zuletzt auch der Wunsch, den ausführenden Wasser- und Elektroinstallateuren eine Schrift an die Hand zu geben, die sie in die Lage versetzt, die Montagen dieser Anlagen in einer Weise auszuführen, daß der Konsument mit diesem so nützlichen Gerät seine Freude haben kann. Er soll nicht unrationell arbeiten, weil der Installateur die Isolation der Heißwasserleitungen vergessen oder aus „Ersparungsgründen" fortgelassen hat, er soll nicht zu seinem Erstaunen und Schmerz aus einem Kaltwasserauslauf fast siedendes Heißwasser über die Hand bekommen, weil bei der Montage das Rückschlagventil verkehrt eingebaut wurde und im Betrieb später einmal anläßlich einer Rohrreparatur der Kaltwasserdruck ausblieb. Der Benützer eines Heißwasserspeichers soll nicht der Gefahr von Explosionen ausgesetzt sein, wie sie schon vorkamen, weil das Sicherheitsventil falsch eingebaut oder unrichtig eingestellt war, er soll sich aber auch nicht beim Anblick seines Speichers über die unschöne Montage ärgern müssen, wie sie als abschreckendes Beispiel in Abb. 97 gezeigt wird.

Abb. 97. Fehlerhafte Montage eines Heißwasserspeichers. (Die Heißwasserleitung ist wohl isoliert, doch in häßlicher Weise über der Mauer verlegt, und überdies war das Sicherungsventil auf 15 at eingestellt und das Rückschlagventil verkehrt eingebaut!)

Aber auch dem Projektanten, dem Zählermonteur und Abnahmebeamten der Elektrizitätswerke, sowic den Herren Konstrukteuren der Lieferfirmen (siehe Normalisierung) dürfte die Schrift einige kleine Anregungen geben. Wenn die Arbeit in diesem Sinne wirkt, so hat sie ihren Zweck erfüllt.

# Literaturverzeichnis.

Auswahl und Montage elektrischer Haushaltheißwasserspeicher. Elektriz.-Verwertg **3,** H. 1, 2 u. 3.

Backhaus: Über die Einzelverluste und den Wirkungsgrad elektrischer Heißwasserspeicher. Mitt. Forschungsinst. Elektrowärmet. Hannover **1929,** H. 2.

Backhaus: Über die Einzelverluste und den Wirkungsgrad elektrischer Heißwasserspeicher. Elektrot. Z. **1930,** H. 11.

Bergmann-Mitt. **1929,** 65 usw.

Brey, R.: Die Wärmeverluste der elektrischen Heißwasserspeicher. Elektrot. Z. **1928,** H. 50.

Brückmann: Elektrizitätszähler und -Wandler. Leipzig: O. Leiner 1926.

Boumann, Dr. Z. P.: Elektrische Warmwasserversorgung in Haushaltungen. De Natuur **16,** Juli.

Cronheim, A.: Eine elektrische Haushaltküche von heute. Elektriz.-Verwertg **4,** H. 5.

Der AEG.-Landwirtschaftsspeicher. AEG-Mitt. **1929,** H. 6.

Klapp, Ob.-Ing. O.: Die Einführung der elektrischen Heißwasserspeicher in die Kleinwohnung. Elektriz.-Verwertg **4,** H. 4.

Kotschi, Dr.-Ing. F.: Erleichterungen bei der Werbung von Nachtstromverbrauchern. Elektriz.-Verwertg **4,** H. 3.

Kratochwil, R.: Elektrowärmeverwertung als ein Mittel zur Erhöhung des Stromverbrauches. München: Oldenburg.

Langdel, J. C.: Electric water heating. Electric· World **1929,** H. 6.

Les facteurs à considérer dans le développement des applications thermiques de l'électricité, en particulier dans le cas du chauffage domestique de l'eau. Elektriz.-Verwertg **4,** H. 7.

Linka, A.: Die Bestimmung des Wirkungsgrades elektrischer Heißwasserspeicher. Elektriz.-Wirtsch. **1929,** H. 478.

Markau, K.: Die Zukunft der Überlaufspeicher. Z. Install., Elektrow. usw. **1929,** H. 6.

Ritter, Dipl.-Ing. E. R.: Auswahl und Betrieb elektrischer Heißwasserspeicher, System Prometheus.

Rittershausen, A.: Ein neuer kleiner Heißwasserspeicher. Elektrot. Z. **1930,** H. 1.

Schneider, St.: Praktische Warmwasserspeicherfragen. Z. Install., Elektrow. usw. **1929,** H. 6.

Steen-Hausen: Heißwasserbereitung durch Elektrizität (norwegisch). Elektr. Tidsskr. **1929,** H. 26.

Thüringische Elektrizitäts-Lieferungs-Ges. AG.: Erläuterungen über Bau, Arbeitsweise, Anwendung und Wirtschaftlichkeit des Elektro-Heißwasserspeichers.

Weigert, A., u. L. Rösner: Wie Königsberg i. Pr. für den Heißwasserspeicher wirbt. Werbeleiter **4**, H. 8 u. 9.

Die verschiedenen Listen, Prospekte und Druckschriften von:
AEG, Berlin.
AEG-Union, Wien.
AG. Sächsische Werke, Dresden.
Allweiler Flügelpumpen.
Bergmann, Berlin.
„Elektra", Bregenz.
Föderl, Ing.: Isolierwerk für Wärme- und Kälteschutz, Linz a. d. Donau.
Gesellschaft für Elektroheizungstechnik, G. m. b. H., Wien.
Jacobsen's Elektriske Verksted, Oslo.
Kremenezky, Joh., Wien XX, Fabrik elektr. Apparate und Glühlampen.
Landis & Gyr, Zählerfabrik, Zug (Schweiz).
Österreichische Siemens-Schuckert-Werke, Wien.
Prometheus, Frankfurt a. M.
Sachsenwerk, Dresden-Niedersedlitz.

# Sachverzeichnis.

Buchdruckerei Otto Regel G. m. b. H., Leipzig.